엄마 반성문

전교 일등 남매 고교 자퇴 후
코칭 전문가 된
교장 선생님의 고백

엄마 반성문

이유남 지음

미른책방

'경험이 미래에게'
미류책방은 미미와 류의 2인 출판사입니다.
경험이 미래에게 들려주는 수북한 시간들을 담으려고 합니다.
책을 만들고, 책을 읽는 그 모든 시간들이 아름답게 흘렀으면 좋겠습니다.
그리하여 먼 훗날, 한 그루 미류나무처럼
우리 모두 우뚝 성장해 있기를 소망합니다.

〈개정판을 펴내며〉

코칭을 배워 얻은
가장 큰 기쁨

『엄마 반성문』이 나온 지 어느덧 7년이 다 되어 갑니다. 그동안 국내외 많은 독자들에게 과분한 사랑을 받았습니다. 책이 출간되자마자 수많은 언론들이 경쟁을 하듯 앞다투어 보도했고, 모 방송 인터뷰 다음 날엔 약 3만 부가 판매되어 하루 최다 판매 기록을 세우기도 했습니다. 그 이후 많은 방송과 언론 등에 셀 수 없을 만큼 출연하게 되었고, 우리나라와 세계 여러 나라에서 많은 강의를 하게 되었습니다. 2017년 '올해의 책', '최고의 베스트셀러' 등으로 선정되었고, 대만과 중국으로 판권이 수출되어 홍콩, 마카오 등지에서 판매되었습니다. 코로나 시기 중국의 베스트셀러가 되어 강의 영상을 중국으로 보내기도 하였습니다. '나도 한류 문화 확산에 기여하게 되었다'는 사실에 얼마나 고무되었는지……. 그 결과 33번의 인쇄를 거듭하며 누적 판매 부수가 20만 부를 돌파하였습니다. 생각지도 못했던 일이 일어났고, 어느 날 눈을 떠 보니 저는 베스트셀러 작가가 되어 있었습니다.

사실 『엄마 반성문』은 제가 직접 쓴 책은 아닙니다. 여러 가지 많은 일정에 차분하게 앉아 무언가를 하는 것이 익숙하지 않은 저에겐 글을 쓸 여력이 없었습니다. 그래서 출판을 권유한 분이 강의할 때 녹음을 해서 글로 옮기자고 했고, 코치 자격 과정 20시간 이상의 강의를 할 때 그 내용을 녹음했습니다. 그리고 그 녹취를 푼 대필 작가가 있었으니, 누구였을까요? 바로 이 책의 주인공인 우리 딸입니다.

딸은 자기의 치부와 우리 가족의 치부가 만천하에 공개되는 일에 왜 이렇게 열심히 협조를 했을까요? 아이는 저와 관계가 회복된 이후에 이런 말을 많이 했습니다.

"엄마는 뒤늦게라도 깨달아서 다행이지만, 아직도 깨닫지 못한 엄마 같은 엄마와 엄마 같은 선생님이 너무나 많아. 사람들은 왜 청소년 문제라고 하는지 모르겠어. 부모님, 선생님의 문제를. 어른들 때문에 이 땅의 청소년들이 나처럼 힘들어하는 것이지."

"사람들은 아이들이 자살을 하거나 학교를 안 가면 왕따 때문이라고, 학교 폭력 때문이라고 하는데 웃기지 말라고 해. 어려서부터 부모님으로부터, 선생님들로부터 받은 수많은 상처들! 그 위에 왕따 시킨 아이가 점 하나 더 찍고, 학교 폭력 일으킨 아이가 점 하나를 더 찍었을 뿐인데 왜 그 아이들 때문이라고 말하며 그 아이들에게 다 뒤집어 씌워? 자기들은 아닌 척, 아이 위한 척, 가증스러워. 그것이 어떻게 청소년 문제야? 바로 부모님들의 문제이고, 선생님들의 문제이지."

말도 잘 하지 않는 딸이 거품을 무는데, 듣고 보니 구구절절 다 맞았습니다. "그래 네 말이 맞다, 다 맞아."

"그러니 엄마가 부지런히 강의 다니며 나 같이 힘든 청소년기를 보내는 아이들을 위해 엄마 같은 부모님, 엄마 같은 선생님들 없어서 살아야 할 수많은 이유를 두고 죽는 불쌍한 아이들, 힘든 청소년기를 보내는 아이들이 없도록 해 줘."

이런 딸의 명령을 듣고 오늘도 저는 우리나라 방방곡곡, 세계 여러 나라를 다니며 목 놓아 외치고 있습니다.

"그런데 엄마가 다 다니지 못하니 안 되겠어. 나 같은 아이 한 명이라도 더 줄일 수 있다면, 한 명이라도 더 살릴 수 있다면, 내가 책 쓰는 것 협조할게."

그렇게 아이는 제 강의 녹음을 풀기 시작했고, 가끔 저를 부르곤 했습니다.

"엄마, 잠깐 와 보세요.. 이때 이 사건 아니었어요. 이때 이것보다 훨씬 심했거든요? 그리고 이 부분은 거짓말이네."

가해자는 잊어버려도 피해자는 잊을 수 없는 것일까요? 딸은 초판 원고를 처음부터 끝까지 철저하게 100퍼센트 감수를 했습니다. 그래서 일점일획도 거짓이 없는 원고를 만들어 주었습니다.

저는 여기에 이론적 배경을 더하고 문맥을 수정하여 다시 아들에게 건넸습니다.

"아들, 너의 치부와 우리 가족의 치부가 만천하에 공개되는 이 책을 세상으로 내보낼지 말지를 네가 마지막으로 결정을 해다오"라며 허락을 구했더니, 며칠 후 아들이 저를 불렀습니다.

"어머니, 제가 추천사를 써 드리겠습니다."

초판 맨 뒤에는 수많은 추천사가 실려 있는데, 그중 저희 아들의 추천사가 있습니다.

저는 아직 결혼 전이지만, 부모로서 자신에 대해 반성하는 것은 다른 어떤 반성들보다 더 어려울 것입니다. 이 책에는 오랜 기간에 걸친 진지한 반성이 담겨 있습니다. 이 반성이 더욱 의미 있는 이유는 실천을 수반한 반성이기 때문입니다. 실제로 우리 어머니는 많이 달라지셨고, 그 덕분에 제 삶도 많이 달라졌습니다. 책에 어머니의 가치관이 달라지는 과정이 잘 적혀 있고, 이론에만 머무르지 않은 실제적인 우리 가족의 사례들이 실려 있습니다. 부모와 자녀의 관계에 있어서 좀 더 나은 방향을 깊이 고민하시는 분들이 읽어 보시면 큰 도움이 될 거라고 믿습니다.

존경하는 우리 엄마의 아들 ○○○

자녀와 갈등을 겪고 있는 부모님들이 해답을 찾기 바라는 우리 아들의 간절한 염원, 자기 같은 청소년이 다시는 나오지 않기를 바란다는 우리 딸의 애틋한 애원, 세상 모든 부모가 저 같은 실수를 하지 않기를 바라는 저의 절절한 절규가 『엄마 반성문』에 담겨 있습니다.

이 책이 나오자마자 수많은 언론이 주목하고 많은 분들의 가슴을 울린 이유는 우연이 아닌 우리 아이들의 진심 어린 간절함과 저의 가슴 아픈 사연이 담겨 있기 때문이 아닐까 생각합니다. 그리고 지금도 많은 언론이 이 책과 저의 강의에 대해 보도하고 있는 것은 아직도 이 땅에 저 같은 부모와 선생님이 많기 때문이 아닐까 싶습니다.

책 출간 이후 7년이라는 세월이 흘러 그동안 저와 우리 아이들에게는 이러저러한 변화들이 있었습니다. 개정판엔 독자들의 이해를 돕기 위해 내용을 추가하였고, 아이들의 현재 모습도 담았습니다.

특히 이제는 결혼을 하여 한 아이의 엄마가 된 딸아이가 엄마인 저에게 보낸 편지를 수록했습니다. 제가 의도하지는 않았지만 저 때문에 겪었던 수많은 상처들, 서로 노력하며 서서히 관계를 회복하면서 겪었던 혼란스러움 등등을 솔직하게 털어놨더군요. 저는 그래도 우리 딸의 어린 시절 아픔을 많이 이해했다고 생각했는데, 그 편지를 보면서 얼마나 눈물이 흐르고 또 흐르던지……. 눈물이 앞을 가려 편지를 읽을 수도 없을 만큼 참 많이 울었습니다.

딸은 제가 생각했던 것보다 훨씬 많은 사건들 속에서 상처를 받았고, 아직도 문득문득 떠오르는 아픔을 참아 내고 있음을 알게 되었습니다. 다행히 딸은 그 아픔을 이겨내고 이제는 저와 힘든 이야기도, 속상한 이야기도 다 할 수 있는 친구 같은 사이가 되었다고 말해 줬습니다. 얼마나 고맙고 감사한지……. 코칭을 배워 얻은 가장 큰 기쁨이 아닌가 싶습니다. 아직도 멀었지만 온전한 코치형(감정 코치형) 부모가 되기 위해 쉬지 않고 노력하는 제 자신이 대견스럽기도 하고, 고맙기도 합니다.

이번 개정판은 출판사를 바꿔서 펴냅니다. 이유는 책을 처음 쓰도록 권유하고 모든 절차를 함께해 주셨던 미미 대표님이 전 출판사를 그만두고 새로운 출판사를 만드셨기 때문입니다. 또한 그때 『엄마 반성문』을 마음에 쏘옥 들게 편집했던 류 편집장님도 미미 대표님과 같이 출판사를 운영하고 계시기 때문입니다. 타 출판사에서 개정판 출간을 여러 차례 권유하였으나 두 분의 열정, 능력, 성품으로 제 책이 베스트셀러가 되었음을 알기에 고민할 여지가 없었습니다.

이 땅의 모든 부모님과 아이들이 행복해져 건강한 가정들이 세워지길 바라며 『엄마 반성문』 개정판을 세상에 내보냅니다.

2024년 7월

이유남

〈프롤로그〉
저의 부끄러움을
고백합니다

10년 전 그날이 지금도 손에 잡힐 듯 기억에 생생합니다. 라일락 향기가 사방에 그윽하던 싱그러운 봄날이었습니다.

고등학교 3학년이던 아들은 퇴근한 저를 붙잡고 이렇게 말했습니다.

"엄마, 나 학교 그만둘래요."

전교 임원에 전교 1~2등을 다투며 명문 대학 입학을 꿈꾸던, 저의 희망이고 대단한 자랑거리였던 아들의 청천벽력 같은 선언!

그날 이후 일어난 수많은 사건을 어찌 다 기록할 수 있을까요? 그 엄청난 일들을 뒤로하고 아들은 그해 8월 31일, 결국 자퇴서에 도장을 찍고 말았습니다.

하늘이 무너지는 슬픔을 느끼며, 내가 살아야 할 희망이 없어져 절망 속에 살고 있는데, 며칠 후 강남의 명문 모 여고를 다니던 2학년 딸이 하는 말.

"잘~~나가는 오빠도 학교를 그만두는데, 덜~~ 나가는 나는 왜 학교를 다녀야 하죠?"

학교를 그만두겠다며 등교를 거부하는 딸에게, 너라도 다녀야 한다며 공갈·협박·회유 등 온갖 별짓을 다 했습니다. 다 큰 딸 교복을 억지로 입혀 학교에 데려다주기도 했습니다. 그러나 앞문으로 데려다주면 뒷문으로 도망 나오기를 반복. 결국 9월 말, 딸마저 자퇴를 하고 말았습니다.

그때 저는 학교에서 잘나가는 선생님이었습니다. 각종 연수에서 1등을 휩쓸었고, 넘치는 열정과 의욕으로 학급을 운영해 학부모님들의 인정을 받았습니다. 모 출판사에서 『우리 아이를 위한 학교생활 성공전략55』라는 책을 펴내기도 했습니다. 그런데 제 아이들은 학교를 자퇴하다니 이런 아이러니가 또 있을까요?

두 아이가 학교를 그만두고 나서 한 일은 먹고 자고 게임하고 텔레비전 보고 영화 내려받아 보고……. 그야말로 게임 중독, 미디어 중독! 먹지도 나가지도 않고 양쪽 방에 틀어박혀 폐인이 되어 가던 두 아이. 그렇게 흘러간 세월이 무려 1년 반!

두 아이 때문에 얼마나 울고 얼마나 힘들었는지. 눈만 뜨면 전쟁 아닌 전쟁이 시작됐으니 지옥이 따로 없었습니다. 바로 우리 집이 지옥!

그러는 동안 스트레스로 세 번 쓰러져 응급실에 실려 가고,

세 번 교통사고를 당하고, 세 번 교통사고를 내고, 두 번 대수술을 받았는데, 두 아이는 저를 그저 벌레 보듯 할 뿐이었습니다.

가끔 소리 나지 않는 총이 있으면 두 아이를 죽이고 나도 죽고 싶었습니다. 매일 밤 잠자기 전 침대에 무릎 꿇고 한 저의 기도는 '내일 아침에는 제발 눈 뜨지 않게 해 주소서.' 밤이면 밤마다 저를 천국으로 데려가 주시길 간절히 기도했지만, 여전히 저는 원하지 않는 아침을 맞이하곤 했습니다. 남들은 심장 마비도 잘 걸리던데 내 심장은 왜 이리 튼튼한지, 눈 뜬 그 아침이 얼마나 원망스럽고 괴로웠는지…….

어느 날은 아들에게 구석까지 몰려 갖은 수모를 당하기도 하고, 하루는 딸이 이러다 자살을 하지 않을까 싶을 정도의 기가 막히는 모습을 보기도 했습니다. 그날, 늘 옆도 보지 못하고 앞만 보고 달려온 제가 어디서부터 무엇이 잘못이었는지 제 삶을 돌아보기 시작했습니다.

그렇게 만난 것이 '코칭'입니다.

코칭을 만나고 무엇이 잘못되었는지, 제가 얼마나 무식하고 무지한 자격 없는 부모였는지 깨달았습니다.

아이의 말 한마디에는 무수히 많은 의미가 담겨 있습니다. 석사·박사 학위가 있으면 뭐 합니까. 자기 자식의 마음을 읽지 못하면, 아이가 말하는 의미가 뭔지 모르면, 무식한 부모, 무자격 부모입니다.

저는 영어만 해석 못 한 게 아니라 우리 아이들이 한 우리말

해석도 못 하고 있었습니다.

이 책은 제가 우리 아이들에게 쓰는 반성문입니다. 저는 그동안 아이들이 잘못을 하면 반성문을 제출하라고 했습니다. 그런데 아이들만 반성문을 쓰라는 법은 없습니다. 어른들도 잘못했으면 반성문을 써야 합니다. 저는 가슴이 녹아내리는 심정으로 이 반성문을 씁니다. 엄마가 무지했다고, 너희들의 마음을 몰랐다고, 그래서 너희들의 마음을 아프게 했다고, 이제는 다시 그런 일을 하지 않겠다고……

또한 이 책은 저 같은 부모님들에게 같이 반성문을 쓰자고 권하는 책이기도 합니다. 자식 키우는 것이 너무 힘들다고 슬퍼하고 절규하는 이 땅의 부모님들을 위해, 저의 부끄러움을 고백하려는 용기를 냈습니다.

이 책은 저의 강의를 녹음한 것을 우리 딸이 받아쓴 다음 다시 제가 수정·보완한 것으로, 강의식으로 전개되어 있습니다. 저는 늘 제 강의는 '강의'가 아니라 '절규'라고 표현합니다. 우리 딸은 엄마가 강의한 내용을 옮겨 적으며 무슨 생각을 했을까요? 아마 언젠가 저에게 "엄마! 엄마는 뒤늦게라도 깨달았지만 아직도 깨닫지 못한 수많은 세상의 부모님, 선생님들을 위해 강의해 주셔서 세상의 아이들을 행복하게 해 주세요"라고 부탁했던 것처럼, 그 간절한 소망이 이 책을 통해 이루어지기를 바라는 마음이었을 것입니다. 그런 우리 딸의 속 깊은 마음이 세상에 전해지기 바랍니다. 아울러 딸이 저의 눈물 젖은 고백을 들으며 저를 진심으로 용서했기를 바랍니다.

지금 저는 코칭이라는 기적과 같은 도구 덕분에 두 아이와 함께 세상에서 가장 행복한 부모와 자녀가 되어 있기에, 무릎 꿇고 용서를 빌며 속죄하고 회개하는 마음으로 감히 제 치부를 만천하에 공개합니다. 이 책을 만나는 모든 분들이 저처럼 코칭이라는 좋은 도구를 통하여 삶을 바꾸고 존재를 깨우며 영혼을 살리기를 바라며 간절히 기도하는 마음으로 이 책을 세상에 내보냅니다.

저에게 처음 코칭이란 단어를 접하게 해 주신 한영수 교수님, 김일형 교장 선생님과 코칭의 세계로 이끌어 주신 한국리더십센터 김경섭 박사님, 한국코칭센터 김영순 박사님, 그리고 코칭의 깊이를 알게 해 주신 박창규, 고현숙, 정경화, 석진오, 방영원, 남관희, 황현호, 우수명, 폴정 코치님, 코칭의 넓이를 느끼게 해 준 한국코치협회 김재우 회장님과 모든 회원 및 관계자 분들! 감정코칭을 통해 우리 아이들과 관계를 회복할 수 있도록 의미 있는 역할을 해 주신 HD행복연구소 최성애, 조벽 교수님께 진심으로 감사드립니다.

무엇보다 수많은 어려움 속에서도 극단적인 선택을 하지 않고 잘 살아 있어 주어 엄마를 이렇게 의미 있는 책의 저자로 만들어 준 아들딸에게, 우리 가족의 행복을 위해 눈물로 기도해 준 남편과 사랑하는 형제들, 저희 교회 이무영, 이형신 목사님과 사모님, 성도님들, 이유 있는 만남을 통해 맺어진 소중한 친구들과 선후배님들, 모든 지인들, 그리고 지금까지 저희 가족 모두의 삶을 연장시켜 주시며 여기까지 인도해 주신 나의 주님께 마음 다해 감사의 마음을 전합니다.

2017년 8월

무자격 부모에서 유자격 부모가 되기 위해 몸부림치는

우리 아이들의 영원한 엄마

이유남 올림

차례

1부 "얘들아, 내 자랑거리가 되어 줘"

2부 나는 부모인가, 감시자인가

3부 절망의 끝에서 코칭을 만나다

6부 코치형 부모는 어떻게 대화할까

1부

"애들아,
내 자랑거리가
되어 줘"

쉽고 정확한
부모 등급 판별법

퀴즈를 하나 내 보겠습니다. 다음 빈칸에 들어갈 내용은 무엇일까요?

- 부모 된 사람의 가장 큰 어리석음은 자식을 (   )로 만들고자 함이다.
- 부모 된 사람의 가장 큰 지혜는 자신의 삶이 자식들의 (   )가 되게 하는 것이다.

전자에 들어갈 답은 무엇일까요? 최고? 1등? 꼭두각시? 어떤 답도 여러분이 생각하는 답은 맞습니다. 하지만 저는 '자랑거리'라는 단어를 넣어 보겠습니다. 후자에 들어갈 내용은 무엇일까요? 본보기? 롤모델? 멘토? 거울? 그 어떤 답도 역시 다 맞습니다.

저는 후자의 빈칸에도 '자랑거리'라는 단어를 넣어 보겠습니다.

여러분, 잠시 명상의 시간을 가져 볼까요? '나는 전자의 부모일까? 후자의 부모일까?' 여러분 개개인의 답은 다양할 것입니다. 그런데 제 추측에는 아마도 많은 분의 생각은 후자에 있지만, 행동은 전자에 있을 것 같습니다. 그런데 자신이 전자의 부모인지, 후자의 부모인지는 누가 판단할까요? 네, 맞습니다. 우리 아이들이 판단하겠지요.

그래서 저는 부모의 등급에 대해 생각해 보았습니다. 교사들은 '교원능력개발평가'라는 시스템을 통해 학생과 학부모들에게 평가를 받습니다. 그런 식으로 여러분이 자녀들에게 평가를 받고, 그 점수에 따라 국가에서 부모님들의 세금을 감면해 주거나 상여금을 주는 제도가 있다면 의미가 있을 것 같습니다.

평가 항목에는 이런 것이 들어가지 않을까요? 경제 및 가정 관리, 살림, 음식, 자녀 양육 태도, 부부 관계, 친척과의 관계, 인성 지도, 생활 지도 능력 등등. 이런 영역들을 자녀들에게 평가받는다면 여러분은 100점 만점에 몇 점 정도 받을 수 있을까요? 그런데 이런 항목들을 일일이 프로그램으로 만들려면 비용 부담도 클뿐더러 우리 아이들에게 컴퓨터 앞에서 클릭하게 하면 짜증을 낼 것 같습니다.

그래서 저는 부모를 평가하는 아주 쉽고 빠르고 정확하며 의미 있는 방법 하나를 생각했습니다. 가르쳐 드릴까요? 간단합니다. 당장 오늘 중에도 할 수 있습니다. 우리 아이가 하교하는 시간, 돌아오는 길목 어딘가에서 기다리다가 우연히 만난 것처럼 '짠!' 하고 나타나 보십시오.

이때 아이들의 반응이 바로 가장 정확한 평가일 것 같습니다. 아이들이 아주 반가워하며 "엄마! 아빠!" 하고 달려와 안긴다면, 그런 분은 슈퍼 등급인 S등급입니다. 달려와 안기지는 않지만 웃으며 인사한다면 A등급일 것 같습니다. 그런데 부모를 알아본 순간 아이 얼굴이 일그러지며 "엄마, 거기 왜 서 있어?" 또는 "아빠, 거기서 뭐 해?"라며 마지못해 인사를 한다면 B등급쯤 되지 않을까요? 그렇다면 마지막 C등급은 무엇일까요? 아이가 딴 길로 돌아가거나 부모를 못 본 척 지나간다면 C등급입니다.

물론 이 등급이란 자녀 나이와 성격에 따라 다소 달라지긴 합니다.

아이가 유치원생이나 초등학교 1~2학년이면 S나 A등급이 많고, 3~4학년이 되면 A나 B등급으로 밀리는데, 5~6학년이 되면 아예 B나 C등급으로 떨어지는 경향이 있지요. 그러다 중학교에 진학을 하면 부모를 아주 안 보고 살려고 하는 아이들이 많습니다. 문을 꼭꼭 걸어 잠그고 눈도 마주치지 않습니다.

함께한 세월이 많으면 많을수록, 같이 지낸 시간이 길면 길수록 서로 더 많이 이해하고 사랑하면서 더 잘 소통해야 하는데, 오히려 서로를 더 이해하지 못하고 소통이 되지 않는 것은 어떤 이유 때문일까요?

절대 따라 하지
마세요

미국 워싱턴대학교 심리학과 교수인 존 가트맨(1942~) 박사는 50년 가까이 3000쌍의 부부를 연구한 대단한 분입니다. 그런데 그리 오랜 시간 부부를 연구하다 보니 자동으로 자녀까지 연구가 되었다고 합니다.

이분이 연구한 결과에 따르면 '감정 코치형 부모' 밑에서 자란 아이들은 부모와의 관계가 좋고, 학습 능력, 사회 적응력, 인간관계, 문제 해결력, 질병 면역력, 역경 지수 및 행복 지수가 매우 높아 성공할 확률이 높은 것으로 나타났습니다. 반면, '안티 감정 코치형 부모(감정 일축형 부모)'의 자녀들은 부모와의 관계가 좋지 않았습니다. 아들의 경우 폭력적이거나 술·담배를 접하는 시기가 빨랐습니다. 딸은 우울감과 낮은 자존감을 보이며, 거식증이나 폭식증에 시달리는 경우가 많았고, 이성에 일찍 관심을 가지는 경향이 있습니다.

그런데 50년 가까이 3000쌍의 부부를 연구하지 않은 우리도 그 정도는 알지 않나요? 어떻게 알까요? 네, 맞습니다. 주변의 많은 사례와 경험을 통해서지요. 동서고금을 막론하고 부모와의 관계는 자녀의 일생에 매우 큰 영향을 미친다는 사실을 우리는 부인하지 못합니다.

그렇다면 저는 어느 등급에 속하는 부모일까요? S등급이라고 답해 주신 초긍정적인 분들, 참으로 감사합니다. 이분들 옆에 가면 좋은 일이 많이 생길 것 같습니다. 제가 한 S하게 생겼지요? 일단 인물이 좀 됩니다. 가까이 보면 아시겠지만 피부도 장난이 아니고, (남들은 절대 인정하지 않지만) 몸매도 대한민국 표준이면서 S라인입니다. 거기에 말도 좀 하고. 그래서 저는 여러 면에서 S 등급!

부모 교육 강사는 크게 두 종류가 있습니다. 첫 번째는 'follow me'형 강사! 즉, 자기 자녀를 아주 훌륭하게 키워 내 '나처럼 키워라'라고 자신 있게 말하는 강사들입니다. 예를 들면 "나처럼 키우면 국가 고시 3개 합격시킬 수 있다", "나처럼 키우면 아이비리그 입성시키고, SKY 수석 합격시키고, 의사 고시 합격시킨다"는 강사들을 'follow me'형 강사라고 합니다.

두 번째는 '경각심'형 강사입니다. "나처럼 키우면 절대 안 된다", "나처럼 키우면 아이가 자퇴하고 우울증에 걸리고, 가출 또는 자살 위기에 내몰릴 수 있다"라는 경각심을 주는 강사지요.

저는 'follow me'형 강사일까요? 아니면 '경각심'형 강사일까요? 뭔가 분위기가 이상한가요? 아! 경각심형 강사인 것 같다는 생각이 드십니까? 그럼에도 불구하고 저를 'follow me'형 강사로 봐 주시는 분들은 복 많이 받으시고 하는 일마다 잘되시기를 바랍니다.

그런데 제가 만약 S등급의 부모에 follow me형 강사라면 어떨까요? 제 얘기를 듣는 내내 여러분들은 마음이 매우 불편할 것이며 집에 돌아가서는 아이들을 엄청 잡게 될 겁니다. 또한 이렇게 자기 자랑을 많이 하는 강사 얘기를 듣고 왔다고 하면, 우리 아이들은 속된 말로 '재수 없다' 하지요.

저는 다행히 C 마이너스 등급 부모 노릇을 아주 오랫동안 한 경각심형 강사입니다.

"얘들아,
내 자랑거리가 되어 줘"

저는 제 두 아이를 저의 자랑거리로 키우려고 애썼습니다. 그러려면 여러 객관적인 증거들이 필요합니다. 우선, 공부를 잘해야 합니다. 그리고 상을 많이 받아야 하며, 임원을 해야 합니다. 그래서 우리 집 아이들은 매년 2월 말이면 몹시 바빴습니다. 3월이 되면 제 자랑거리의 객관적인 증거가 될 학급 임원 선거를 하기 때문입니다.

저는 봄 방학이 되면 두 아이에게 회장 소견 발표문을 미리 쓰라고 했습니다. 두 아이는 그다지 원하지 않는 일이었지만, 엄마의 강요 때문에 글을 쓰곤 했습니다. 그러면 저는 여러 차례 수정·보완을 한 다음, 완성된 발표문을 아이들에게 달달 외우게 했습니다. 제대로 외우지 못하면 엄청 구박을 했기 때문에 두 아이는 우울한 봄 방학을 보내곤 했습니다.

그렇다면 3월 임원 선거에서 제가 우리 집 아이들을 당선시켰을까요, 못 시켰을까요? 당연히 시켰겠지요. 그래서 저는 오랫동안 임원 엄마를 했습니다.

초등학교 5~6학년이 되었습니다. 무엇을 시키고 싶었을까요? 당연히 전교 어린이 임원을 시키고 싶었겠지요?

전교 임원 선거 준비는 학급 임원보다 시간이 더 필요하기에 2월 초부터 준비에 들어갑니다. 단순히 말만 잘해서는 안 되기에 각종 이벤트를 준비해야 합니다. 당시 가장 인기 있는 TV 프로그램이나 유행어 등을 수집·분석해 인용하기도 했지요.

아이를 저 혼자 낳은 것은 아니지요? 저는 남편 노는 것은 못 보는 성격인지라 남편에게는 포스터 담당을 하게 했습니다. 남편도 아이들을 자랑거리로 만들고 싶은 마음이 있었기에 적극적으로 협조했습니다. 다만 남편은 그림에 그다지 재주가 없는 데다가 그때는 지금처럼 컴퓨터로 포스터를 만들 수 있는 시절도 아니었기에 고민이 많았습니다. 여하튼 남편은 긴 고민 끝에 해결을 했습니다. 어떻게 했을까요?

디자인 회사에 포스터를 맡긴 겁니다. 우리 아이들이 다녔던 초등학교는 당시 재학생이 3000여 명이나 되는, 수많은 아이가 위장 전입으로 다니던 대단한 학교였습니다. 그 위장 전입자들 중에는 우리 두 아이도 끼어 있었습니다. 아이들은 소위 '생계형 위장 전입자'였습니다. 저는 당시 그 학교 교사였는데도 학생이 너무 많아 교사 자녀도 받아 주지 않아, 근처 아는 분의 집에 위장 전입을 하여 아이들을 데리고 다녔습니다. 위장 전입 학생이 많다는 것은 저와 비슷한 과열된 교육열을 가진 부모가 많다는 것이니, 그 학교의 전교 회장 선거 운동 열기는 총선이나 대선만큼이나 엄청났습니다. 당시 전교 학생회장, 부회장 후보만 각각 20명 가까이 나왔습니다. 교내 곳곳에 수십 장의 선거 포스터가 붙었는데, 그중에 유난히 눈에 띄는 포스터가 있었으니 과연 누구 것이었을까요? 네, 바로 아들 것이었습니다. 그 후 그 학교에는 '디자인 회사에서 만들어 오는 포스터는 허용되지 않는다'는 규칙이 생겼습니다.

이렇게 비뚤어진 열의와 대단한 선거 전략을 가진 부모 밑에서 자란 아들은 당연하다는 듯이 전교 회장에 당선되었습니다. 그것도 2위와 엄청난 표 차이로 말이지요! 늘 근소한 차이로 선거 결과가 갈렸던 그 학교의 전교 회장 선거에서 우리 아들의 득표수는 전설이 되었습니다.

그 뒤로 자식을 전교 임원 시키고 싶어 하는 저 같은 부모님들의 컨설팅 요청이 쇄도했습니다. 그 학생들을 모두 당선시켰으니, 저는 대단한 '선거 전략가'이기도 합니다. 아마 학교 그만두고 선거 사무실에 나가도 밥은 굶지 않을 것 같습니다

우리 집 가훈은
SKSK

제가 학교에서 퇴근하여 집에 도착하는 시각은 오후 5시에서 5시 30분 사이! 아이들이 초등학교 3~4학년을 마칠 때까지 늘 칼퇴근을 했습니다. 퇴근 이후 그 어떠한 모임도, 회식도, 연수도 참석하지 않았습니다. 왜 그랬을까요? 어린 시절에 학습 습관을 제대로 형성시켜 주어야 한다고 생각했기 때문입니다. 한마디로 아이들을 잡으러 칼퇴근한 것이지요.

집에 들어서면 두 아이가 나옵니다.

"다녀오셨어요?"라는 아이들 인사말에 저는 대꾸도 하지 않고 신발도 채 벗기 전에 아주 퉁명스럽게 말합니다.

"알림장 가지고 와. 숙제는 몇 개야? 숙제 다 했어?"

두 아이는 뭔가 변명이 많습니다.

"숙제가 많아서요. 그리고 어려워서 아직 못 했어요."

그럼 저는 바로 비난의 화살을 쏟아 냅니다.

"너, 엄마가 뭐라고 했어. 엄마가 도착하기 전까지 숙제 다 해 놓으라고 했어, 안 했어?"

이렇게 말하며 거실에 들어서면 제일 먼저 하는 일이 있었으니, 바로 텔레비전 위에 손을 올리는 일이었습니다. 왜냐고요? 텔레비전의 뜨거운 정도에 따라 아이들이 얼마나 오랫동안 시청을 했는지 가늠할 수 있거든요.

저는 "30분 봤구나" 또는 "1시간 넘었네. 불난다, 불나. 이러니 숙제를 다 못 했지"라며 비난을 하기 시작해 "너 지금 할 일이 얼마나 많은 줄 알아? 학원도 가야 하고 책도 읽어야 하고 문제집도 풀어야 하는데, 아직도 숙제를 못 끝내면 어떻게 하니?"라며 목소리를 점점 더 높입니다.

아이들이 "죄송해요. 하나만 보려고 했는데 어쩌다 보니⋯⋯" 라고 변명을 하면 "너, 엄마가 제일 듣기 싫은 말이 뭔 줄 알아? 바로 죄송하다는 말이야. 죄송하다고 말할 짓은 하지 말라고 했지? 얼른 들어가. 6시까지 숙제 다 끝내. 못 끝내면 저녁밥은 못 먹는 줄 알아!"라며 혼을 냈습니다. 두 아이는 기가 푹 죽어 각자 방으로 들어갑니다.

화가 난 상태로 방 안에 들어가 옷을 갈아입는데 어느 날은 생각이 납니다. 그날은 시험 본 날입니다. 같은 학교 교사이기에 두 아이의 학사 일정을 다 꿰고 있는 거죠. 저는 두 아이를 부릅니다.

"얘들아! 너희 나와 봐. 오늘 시험 봤지? 시험 본 날은 시험지를 식탁 위에 올려놓으라고 했는데 왜 시험지가 없니? 얼른 가져와!"라고 목소리를 높입니다.

두 아이가 식탁 위에 펼쳐 놓은 시험지를 뒤적거립니다. 뭘 봤을까요?제게 중요한 것은 오로지 점수였지요. 그런데 점수가 맘에 들지 않습니다. 다시 훑어봅니다. 뭘 봤을까요? 맞은 것은 볼 필요가 없고, 틀린 문제만 확인합니다. 그리고 아이에게 쏘아붙이는 말.

"야, 너 이거 왜 틀렸어? 엄마가 뭐라고 그랬니? 문제 끝까지 읽으라고 그랬지? 너 어제 저녁에 늦게까지 텔레비전 보고 딴짓할 때부터 알아봤다. 한 번 더 읽고 갔으면 다 맞았을 거 아냐?"

엄마의 잔소리에 두 아이가 다시 죄인처럼 "죄송해요"라고 말하면 "그 말 하지 말라고 했지. 얼른 들어가. 빨리 숙제하고 공부해!"라며 들여보냈습니다.

이제 저녁 식사 준비를 합니다. 그런데 또 생각이 납니다.

"너희 다시 나와 봐."

그러면 두 아이는 "또 왜요?" 하고 퉁명스럽게 말합니다.

"너희 어제 학원 늦었더라. 엄마가 뭐라 했니? 학원은 10분 전에 도착해서 숨 고르고 있다가 설명 들으라고 했지? 그 학원 얼마짜리인 줄 알아? 계산해 봐. 10분 늦으면 얼마씩 손해 보는지. 엄마 아빠가 돈 벌어서 비싼 학원비 대 주면 감사한 줄 알고 열심히 해야지. 너희가 하는 일이 뭐가 있어. 밥을 하래, 빨래를 하래, 너희가 하는 일이 공부밖에 더 있어?"라며 잔소리를 해 댑니다.

이제 저녁 7시. 우리 집은 거의 매일 그 시간에 밥을 먹었습니다. 왜 그랬을까요? 규칙적인 생활이 아이들의 뇌 발달에 좋다는 어느 교육학자의 책을 읽었거든요. 밥이 다 준비될 무렵, 저는 두 아이를 소리 높여 부릅니다.

"얘들아, 밥 먹어."

한 번 부르면 차~~악 나와야 하는데 묵묵부답입니다. 화가 나지요. 제 목소리가 올라갑니다.

"너희 빨리 못 나오니? 뭐 하고 있어?"

그래도 나오지 않으면 "너희, 엄마 말이 말 같지 않니? 도대체 뭐 하고 있어? 귀가 먹었니?" 하고 온갖 소리를 해 댑니다. 여전히 아이들은 나오지 않습니다. 그러면 제 목소리는 점점 올라갑니다.

"너희들 빨리 못 나오니? 뭐 하고 있어? 엄마가 이 집 식모니? 엄마도 밥 먹고 할 일이 한두 개가 아냐. 빨리 나와!"

그런데 이 소리는 누구 들으라는 소리일까요? 아이들도 아이들이지만 텔레비전 앞에 앉아 있는 무심한 남편, 어머님, 아버님, 그리고 시누이! 당시 저는 시댁 식구들과 같이 살았습니다. 그러다 보니 직장 다녀와 집안일을 혼자 하고 있으면 더 화가 납니다. 그래서 그분들 들으라고 더 큰 소리로 말합니다. 그래서 아이들은 훨씬 많은 잔소리를 듣고 자라야 했습니다.

이런 짓을 제가 하루만 했을까요? 이틀만 했을까요? 저는 이런 짓을 날이면 날마다, 수많은 세월 동안 눈 뜨면 시작해서 눈 감을 때까지 했습니다. 아이들이 제 눈앞에 있으면 늘 뭔가를 지시하고 명령하고 확인하고 다그쳤습니다.

여러분, 제가 아이들에게 했던 말들을 들으며 어떤 기분이 들었나요? 마음이 편안하고, 뭔가 하고 싶고, 어쩌면 저렇게 아이들을 사랑하시나……, 뭐 이런 생각이 들었나요? 전혀 아니지요? 속이 터질 것 같고, 뭔가 부숴 버리고 싶고, 소리 지르고 싶고, 나가 버리고 싶고, 공격하고 싶고……, 이런 생각이 들지 않았나요?

저는 이런 말을 밥 먹듯이 하면서도 '우리 아이들이 내 말을 듣고 무슨 생각을 할까?'라고는 한 번도 생각해 본 적이 없었습니다. 대신 '나 같은 엄마가 어디 있어? 나같이 직장 생활 성실히 하고 칼퇴근해서 가정에 충실하고 아이들 잘 돌보는 엄마는 세상에서 찾아보기 힘들지' 이렇게 생각하며 살았습니다.

'SKSK!' 우리 집에는 이런 법이 있었습니다. SKSK가 뭔지 아십니까? 바로 '시키면 시키는 대로'의 약자입니다. 그게 우리 집 법이었습니다.

"엄마가 시키는데 건방지게 왜 말이 많아? 엄마가 너희들 위해 다 알아보고 하는 거야. 그냥 시키는 대로 해. 어른 말 들으면 자다가도 떡을 얻어먹는다니까."

이런 식으로 아이들에게 제 명령에 복종할 것을 강요해서 우리 집은 늘 무서운 군대 조직 같았습니다.

남편과 저는 맞는 것이 하나도 없었습니다. 저는 적극 발랄

명랑 쾌활 신속 O형이고, 남편은 소심 민감 세심 완벽 A형, 그것도 스몰(small) 트리플 aaa형이었습니다. 거기에 충청도 남자!

아는 분은 아시겠지만, 충청도 남자들은 어찌나 양반스러운지 늘 베일에 가려 있습니다. 자기표현을 잘 하지 않지요. 속이 터질 정도로 말 없는 남편과 살면서 서로 유일하게 맞는 게 하나 있었으니, 그게 바로 아이들 잡는 것이었습니다. 제가 야단을 치면 남편이 꼭 지원 사격을 하곤 했습니다. 다른 것은 제 편을 드는 게 거의 없는데, 아이들 야단칠 때면 합세를 했으니 저는 더욱 기세등등하게 화를 냈습니다.

무서운 엄마, 엄마 편 잘 드는 아빠 밑에서 자란 아이들은 죽으라면 죽는 시늉까지 하는 순둥이들처럼 보였습니다. 이렇게 키웠더니 전교 1~2등도 하고, 각종 대회에서 상을 휩쓸어 오고, 전교 회장·부회장도 했습니다. 다른 사람들에게 그야말로 '엄친아'로 불리며 자랐습니다.

사람들은 이렇게 부러워하곤 했습니다.

"그 집 애들은 어쩜 그렇게 인물도 훤하면서 공부도 잘하고 말도 잘 들어요? 남부러울 것이 하나도 없을 것 같아요."

그럴 때마다 저는 어깨를 으쓱거리며 아이들을 정말 잘 키우고 있다고 생각했습니다. 내 아이들이 영원히 잘될 줄 알았습니다.

그땐 이런 양육법에는 유효 기간이 있다는 것을 몰랐습니다. 유효 기간은 언제까지였을까요? 요즘 아이들을 저처럼 키우면 초등학교 5~6학년 넘기기가 어렵습니다. 우리 아이들은 1980년

대 말과 1990년대 초에 태어났는데, 그 시절에는 중학교 2~3학년 때까지는 갔습니다. 그런데 우리 집 아이들은 조금 더 갔습니다. 왜 그랬을까요?

학교에서 학생들이 저를 이렇게 불렀습니다.

'양카리스마'

무슨 뜻일까요? 양쪽에 칼을 든 여자, '양칼있으마'가 '양카리스마'로 바뀐 거라고 합니다. 이렇게 무서운 엄마였기에 두 아이들은 중학교 시절을 무사히 마쳤습니다. 아들은 고1을 잘 넘긴 후 고2가 되어서는 뭔가 삐죽삐죽 나오려고 했지만, 남편과 연합하여 평정을 잘했습니다.

드디어 고3이 되었습니다.

고3 3월에는 학생들이 매우 부담스러워하는 모의고사가 있지요. 아들은 그 모의고사에서 전국 상위 몇 퍼센트 안에 들었습니다. 물론 내신도 1등급을 유지하고 있었고요. 이대로 가면 명문대 입학은 따 놓은 당상이었습니다. 저는 수능 보는 날을 손꼽아 기다렸습니다. 수능이 끝나면 무엇이 걸릴까요? 맞습니다. 자랑스러운 우리 아들의 이름이 쓰인 현수막이 학교 앞에 걸리겠지요? 저는 그날을 상상하고 있었습니다.

"엄마,
나 학교 그만둘래요"

          그런데 라일락 향기 그윽하던 4월의 어느 봄날! 그렇게 잘나가고 말 잘 듣던 아들이 퇴근한 저를 붙잡고 이렇게 말합니다.

"엄마, 할 말 있어요."

"뭔데."

"좀 앉아 보세요."

"너도 바쁘고 나도 바쁜데 용건만 간단히 말해."

저의 재촉에 아들은 짜증을 내며 목소리를 높입니다.

"좀 앉아 보세요. 저 할 말 길어요."

"야, 네가 지금 할 말 길게 할 시간이 어디 있어? 들어가서 문제 하나라도 더 풀어야지. 바쁘니까 얼른 빨리 말해. 인강? 아님 학원 하나 더? 그것도 아님 문제집?"

저는 '얼른! 빨리! 바빠!' 이 3종 세트가 아니고는 말을 하지 못합니다. 눈도 마주쳐 주지 않는 엄마, 얼른 말하라고 다그치는 엄마. 그런 엄마 뒤통수에 대고 아들이 말합니다.

"도저히 학교 못 다니겠어요. 저 학교 그만두고 나중에 검정고시 보면 안 돼요?"

아들 입에서 나온 말은 너무나 충격적이었습니다. 그때가 고3, 4월 말이었습니다. 그렇게 말하는 아들에게 여러분은 뭐라고 하시겠습니까? 그래, 인생 긴데 학교 그만두고 가고 싶을 때 가지 뭐, 그렇게 말하겠습니까? 제가 처음 한 말은 무엇이었을까요?

"너 미쳤어? 네가 다니는 데가 유치원인 줄 알아? 전국 고3 학생들한테 설문 조사해 봐라. 안 힘든 학생이 어디 있는지. 그래서 고3병이라 하는 거야. 너 정신 똑바로 차려. 지금이 제일 중요한 때야. 지금 놓치면 공든 탑 다 무너져. 몇 달 안 남았어. 조금만 더 참아."

그날 저는 정신 차리라고 30분 이상 야단쳤습니다. 이 사실을 안 남편 역시 저와 비슷한 소리를 하며 야단을 쳤지요. 아들은 문을 쾅 닫고 들어갔고, 저는 다시 아들을 불러 30분 이상 예절 교육을 시켰습니다.

"어디 부모 앞에서 문을 쾅 닫고 들어가? 어디서 배운 버르장머리야."

아이는 눈물을 뚝뚝 떨구며 방에 들어가 문을 걸어 잠갔습니다.

다음 날부터 아들은 학교 안 간다는 소리는 하지 않았습니다. 하지만 아침에 일어나는 시간이 점점 늦어지더니, 평생 안 하던 지각을 하기 시작했습니다. 온갖 잔소리를 하며 억지로 학교에 보내 놓으면 조퇴를 했습니다. 머리 아프다고 배 아프다고 온갖 이유를 댔습니다. 집에 돌아오면 고액 과외도, 종합 학원도 가지 않고 방에서 뒹굴뒹굴했습니다. 5월, 6월, 7월. 우리 집은 그야말로 전쟁터였고 지옥이 따로 없었습니다. 말대답 한 번 안 하던 순둥이가 어느 날부터 말대답을 시작하더니 말끝마다 '에이씨'를 양념처럼 붙였습니다. 그리고 또 언제부턴가는 생전 듣지도 보지도 못한 말들, '17, 18'이 쏟아져 나왔습니다. 미칠 것 같았습니다. 서로 분노에 찬 고성만 주고받는 나날이 계속되었습니다. 얼마나 많은 사건이 있었을까요? 아이와의 끝이 보이지 않는 전쟁. 그 수많은 일을 어찌 다 말로 표현할 수 있을까요? 여러분의 상상에 맡길 뿐입니다.

결국 그 사건들을 뒤로하고 아들은 그해 8월 31일, 자퇴서에 도장을 찍고 말았습니다. 고3 신분으로 8월 31일에 학교를 그만둔 아이는 전 세계 우리 아들밖에 없을 겁니다. 그 학교 문과 최상위권을 다투면서 전교 임원을 했고, 학교의 기대주였던 모범생이 갑자기 왜 학교를 그만두는지, 아무도 이해할 수 없었습니다. 저는 더더욱 그랬습니다.

"네가 뭐가 부족해서!!"라며 다그치면서 잔소리를 해 댔지만, 돌아온 것은 아들의 굳게 닫힌 방문뿐이었습니다.

고2 딸마저
자퇴 선언

　　아들이 자퇴를 하고 나니 아들에게 그야말로 올인했던 저는 하늘이 무너지는 슬픔을 느껴야 했습니다. 살아야 할 의미를 잃었고, 오로지 절망 속을 헤맬 뿐이었습니다. 끝을 모르는 절망 속에서 지옥과 같은 나날을 보내고 있는데, 며칠 후 당시 강남의 모 여고 2학년에 재학 중이던 딸이 이렇게 말합니다.

　　"엄마, 저도 할 말 있어요."

　　가슴이 철렁 내려앉았습니다.

　　"말하지 마. 지금 너희 오빠 때문에 죽을 것 같아. 엄마 미치는 것 보고 싶니?"

　　아이의 말을 막고 싶었지만, 냉랭한 목소리가 들려옵니다. 딸의 말은 한 치의 예상도 빗나가지 않았습니다.

"그냥 들으세요. 그렇게 잘나가던 오빠도 학교를 그만두는데, 덜 나가는 나는 왜 다녀야 하지요? 저도 그만둘래요."

딸의 청천벽력과 같은 선언에 앞이 캄캄해졌습니다.

"아니 너까지, 너까지…… 그러면 엄마는 어쩌라고."

아들 때와 마찬가지로 소리소리 지르고 혼내고 야단치고……. 딸이라도 건져보겠다는 심정으로 공갈·회유·협박 별짓을 다 했습니다.

그리고 다 큰 딸을 억지로 교복을 입혀서 남편과 교대로 차에 실어 학교에 끌고 다니기 시작했습니다. 그러나 아이는 앞문으로 데려다주면 뒷문으로 도망 나오고, 학교 가는 척 집을 나섰다가 무단결석하기를 반복했습니다. 결국 딸도 그해 9월 말에 자퇴서에 도장을 찍고 말았습니다. 인생에서 가장 중요한 졸업장이 고교 졸업장이고, 가장 소중한 친구가 고교 동창이라는데, 그렇게 잘나서 저의 자랑거리였던 우리 집 두 아이에겐 이제 고등학교 졸업장도, 동창도 사라지게 된 것입니다.

저는 동창회 모임에 가서 옛이야기를 하며 즐겁게 웃고 떠들고 돌아오는 날이면 늘 가슴 한편이 아립니다. 우리 아이들에게는 이렇게 좋은 고등학교 동창들이 없겠구나, 우리 아이들은 내 나이가 되면 누구랑 옛이야기를 하며 지낼까를 생각하면 말할 수 없는 아픔이 밀려오곤 합니다.

옛 어른들 말씀에 자식 이기는 부모 없다고 하는데, 저는 아이들이 자퇴하기 전까지는 그 말을 이해할 수 없었습니다. "자식을 부모가 못 이기면 누가 이겨? 부모 말 안 듣는 것들은 쫓아내든지 족보에서 빼 버리든지 해야지"라며 자신만만했습니다. 그런데 몇 달 사이에 엄청난 사건을 연이어 겪어 보니 정말 자식 이기는 부모는 이 땅에 없다는 것을 절감 또 절감했습니다.

그렇다면 학교를 그만둔 우리 집 아이들은 뭘 했을까요? 아이들은 오로지 집에서 먹고 자고 게임하고, 텔레비전 보고, 영화 내려받아 보고……, 양쪽 방문을 걸어 잠그고 그 안에서 자기만의 외로운 성을 쌓아 갔습니다. 게임 중독! 미디어 중독! 집 안에 부서진 컴퓨터 모니터와 깨진 휴대 전화, 잘린 컴퓨터 선이 늘어가면 갈수록 아이들은 더욱더 높은 벽을 쌓아 가고 있었습니다.

그런 세월을 얼마나 지냈을까요? 한 달, 두 달, 세 달……, 무심한 세월은 흘러 흘러 무려 1년 반이 지났습니다. 그 지옥 같은 시간 속에서 아이들은 서서히 폐인이 되어 가고 있었습니다. 집 밖에도 나가지 않고 방에 햇빛 들어오는 것도 차단한 채, 대인 기피 현상까지 심해지고 있었습니다.

오랜 시간이 흐른 지금이야 이렇게 아무렇지도 않은 것처럼 이야기하지만, 그 1년 반 동안 저는 죽음과 같은 고통 속에서 몸부림쳤습니다. 설상가상이라고, 정말 잘나가던 남편 사업도 거짓말처럼 하루아침에 부도가 났습니다.

사채업자는 학교에 쫓아와 제가 수업하는 교실 창문 앞에 서 있었고, 교회에서 예배를 드릴 때는 뒤에 서서 공포 분위기를 조성했습니다. 그런 와중에 지하 셋방으로 이사까지 가게 되었습니다.

하루하루를 보내는 것이 정말 힘들었습니다. 어느 날부터인가 저는 잠자기 전 이런 기도를 했습니다.

'정말 죽고 싶은데 크리스천이라서 자살은 할 수 없습니다. 그러니 오늘 밤 아무 고통 없이 제 영혼 거두셔서 내일 아침에는 제가 천국에 있게 해 주세요.'

이튿날 아침에 눈을 뜨면 모든 것이 원망스러웠습니다.

'남들은 심장 마비도 잘 되던데 내 심장은 왜 이렇게 튼튼한 거야? 난 어떻게 해야 죽을 수 있는 거야?'

매일매일 이런 마음으로 사는데 건강이 좋을 리 있겠습니까? 스트레스로 세 번이나 쓰러져 응급실 신세를 져야 했고, 제정신이 아닌 상태로 운전을 하다 보니 세 번의 교통사고를 내고, 또 세 번의 교통사고를 당해서 여러 번 병원에 입원했으며, 두 번의 대수술도 받아야 했습니다.

하지만 우리 집 두 아이들은 눈 하나 깜짝하지 않았습니다. 냉혈 인간이 따로 없더군요. 심지어 제가 여러 번 쓰러지다 보니 나중에는 "쇼하고 있네"라며 비웃으며 저를 구급차에 실어 보낸 후, 남편에게 연락만 하고 병원에 따라오지도 않은 적이 있습니다. 한마디로 무서운 아이들이 되어 가고 있었던 겁니다.

그래도 저는 포기하고 싶지 않았습니다. 그 와중에도 아이들만 보면 "언제 검정고시 볼래? 언제 대학 갈래? 왜 놀고 있니? 왜 시간을 죽이고 있어? 인강이라도 들어야지. 문제집이라도 풀어야지" 하고 다그쳤습니다. 제가 정신을 못 차린 것이지요.

남편 사업이 회복될 기미가 보이지 않으니 '이제 너희가 집안을 일으켜야 하는데. 그러려면 공부를 열심히 해야 하는데'라는 생각이 들어 마음이 더 초조해진 것이지요. 가진 것이라고는 빚뿐이지만 아이들이 대학만 간다면 무슨 수를 써서라도 가르칠 마음이 앞섰습니다.

우리 아이들보다 공부 못하던 친구들이 좋은 대학 척척 들어가는 걸 보면 더 미칠 것 같았습니다. 죽지도 못할 신세라면 수단과 방법을 가리지 않고 어떻게든 대학을 보내고 싶었습니다.

제가 아이들과 마주치기만 하면 닦달을 했더니 우리 아이들은 무서운 눈빛으로 저를 쏘아보며 "엄마 목소리만 들어도 소름 끼쳐. 엄마 말소리 들으면 숨이 막혀. 제발 말 좀 하지 마. 입 좀 다물어. 우리 죽는 꼴 보고 싶어!"라고 소리를 지르곤 했습니다. 두 아이는 저를 원수 보듯, 벌레 보듯 했습니다. 그럼 저는 또 아이들 귀에 거슬리는 말을 퍼부었습니다. 서로 마음을 할퀴고 상처 주는 말만 할 뿐이었습니다. 저는 너무 억울하고 분했습니다.

'내가 뭘 잘못했는데, 내가 너희를 어떻게 키웠는데. 나 같은 엄마가 어디 있어?'

무섭게 변해 가는
아들

고통의 시간이 오래 지속되다 보니 저도 조금씩 포기하기 시작했습니다. 그래도 마음 한구석에선 마지막 희망에 대한 끈을 꼭 붙잡고 있었습니다.

어차피 딸은 어려서부터 저와 잘 맞지 않았습니다. 딸은 저와 정반대인 소심 민감 세심한 남편을 닮았던 거지요. 그래서 '나 안 닮은 딸, 황소고집인 너는 일찌감치 포기한다'고 했습니다. 하지만 저를 많이 닮았다고 착각했던 똑똑하고 잘나가던 아들은 쉽게 포기가 되지 않았습니다.

어느 날 집에 들어갔더니 아들만 혼자 있었습니다.

"아니, 너 왜 이러고 있니? 하루 이틀도 아니고 도대체 왜 이렇게 아무것도 안 하고 있는 거야? 말 좀 해 봐, 말 좀 해 줘."

저는 애원하듯 비난의 말을 했습니다. 그랬더니 아들이 저를 매서운 눈초리로 쏘아보며 말합니다.

"엄마, 엄마 머리가 상당히 좋은 줄 알았는데 이제 보니 참 안 돌아가시네. 도대체 누구 닮은 거야?"

이 말은 누가 했던 말일까요? 제가 아이들 어렸을 때 무심코 던진 말들이었습니다. 그 말들을 이제 아들이 똑같은 어투로 제게 돌려주고 있었습니다. 그리고 한참을 노려보더니 쏘아붙입니다.

"내가 왜 이러고 있는지 몰라? 가르쳐 줄까?"

그러더니 손가락으로 저를 가리키며 하는 말!

"내가 이러고 있는 것. 바로 당신! 당신 때문이라고! 그동안 당신이 나에게 어떤 짓을 했는지, 동생에게 어떤 짓을 했는지 생각해 보라고. 숨 막히는 생활, 이게 사는 거냐고. 아빠 사업이 왜 망하고 아빠가 왜 저렇게 됐는데? 그렇게 모르겠어?"

아들이 쏟아 내는 충격적인 말들에 저는 거의 쓰러질 지경이었습니다. 저는 절규하다시피 소리쳤습니다.

"너, 말 다 했어? 뭐 당신? 네가 어떻게 이런 말을 할 수 있니? 내가 너를 어떻게 키웠는데? 가고 싶은 곳 안 가고, 먹고 싶은 것 안 먹고, 입고 싶은 옷 안 입고, 사고 싶은 것 안 사면서 널 키웠는데. 네가 더 잘 알잖아?"

하지만 돌아오는 대답은 더 기가 막혔습니다.

"누가 그렇게 살라고 했어? 엄마가 좋아서 한 일이잖아? 내가 언제 엄마 놀러 갈 때 발목 잡았어? 엄마 물건 살 때 못 사게 카드 뺏은 적 있냐고. 오늘부터 놀러 가시지. 엄마가 말하는 그 비싼 과외비, 학원비 이제 들어갈 일도 없네. 우리 밥해 줄 일도 없는데 한두 달 놀다 온들 누가 뭐라고 해? 실컷 놀다 와. 백화점 가서 사고 싶은 옷 다 사서 패션쇼 한번 하시지? 아무도 안 말려."

아들은 제 가슴에 비수를 꽂으며 비아냥거렸습니다. 이런 말을 듣고 있자니 피가 거꾸로 치밀어 오르는 것 같았습니다. 옆에 있는 빗자루를 들어 아들을 몇 대 때리고 말았습니다. 더 때리려고 하자 아들은 제 손목을 확 휘어잡고는 살기어린 눈빛으로 "뭘 잘했다고 때리는데? 나도 그동안 쌓인 것 많은데 오늘 한판 붙어 보자고!"라며 대들었습니다. 그날 저는 키가 180센티미터나 되는 아들에게 코너로 몰려서 들을 말, 안 들을 말을 다 들었습니다. 저도 하고 싶은 말은 너무나 많았지만 여기서 한두 마디 더 하다가는 아들에게 목이 졸릴 수도, 두들겨 맞을지도 모른다는 생각에 할 수 없었습니다. 속으로 '오늘 내가 날을 잘못 잡았구나. 나 도와줄 사람 한 명도 없는데. 아들에게 맞으면 창피해서 누구한테 말도 못 할 텐데' 등등 온갖 생각을 다 했습니다.

그러면서 아들이 갑자기 무서워지기 시작했습니다. 뒷걸음질로 도망치듯 가까스로 현관을 빠져나왔습니다. 그래도 마지막 남은 엄마의 자존심을 끌어모아 "이 자식, 너 다음에 보자"라고 외치며 거리로 나왔습니다.

밤새 길을 헤매고 다니는데 내 처지가 얼마나 기가 막히고 비참하고 처절한지, 눈물이 앞을 가렸습니다. 도대체 내가 무엇을 잘못한 건지 아무리 생각해도 이해가 되지 않았습니다.

**딸의
자해 소동**

이런 일이 있은 후로 아들은 무서워서 건드리지도 못하겠고, 나 안 닮은 딸이라도 건져 보려고 했는데 이 딸이 더 만만치 않았습니다. 딸은 저를 투명 인간 취급했습니다. 묻는 말에 대답은커녕 제가 해 주는 밥도 먹지 않았습니다. 한집에 살았지만 일주일, 열흘, 한 달, 딸아이의 얼굴을 못 본 적도 많았습니다.

어느 날 출장 갔다가 평소보다 조금 이른 시간에 퇴근했습니다. 터덜터덜 아무 의욕 없이 집으로 걸어가고 있었습니다. 집 가까이 오자 어디선가 대성통곡하는 소리가 들렸습니다. 도대체 누가 저렇게 울어대나, 귀를 기울였더니 우리 집 쪽에서 나는 소리였습니다. 낯익은 목소리, 바로 우리 딸이었습니다.

무슨 일인가 싶어 깜짝 놀라 뛰어가니 집 앞에 동네 사람들

몇 명이 웅성거리고 있었습니다. 급히 현관문을 열고 들어가니 집안 살림은 엉망으로 어질러져 있고, 딸은 방문을 걸어 잠근 채 짐승이 포효하듯 목 놓아 울고 있었습니다. 아무리 방문을 열어 달라고 해도 소용이 없었습니다. 너무 걱정이 되고 무슨 일인지 궁금하여 집 밖으로 나가서 의자 위에 올라가 창틈으로 아이 방을 가만히 훔쳐보았더니 충격적인 광경이 눈에 들어왔습니다.

한마디로 폭탄 맞은 방이었습니다. 갈기갈기 찢긴 옷과 책이 방 여기저기 흩어져 있고, 그 튼튼한 장롱 문도 엉망으로 부서져 있었습니다. 침대 옆에 앉아 울고 있는 딸아이의 머리는 온통 산발이고, 두 손은 피투성이였습니다. 그야말로 광란의 현장이 이런 것이겠구나, 싶었습니다. 그 와중에도 분노에 찬 저는 '아이를 어떻게 잡아야 잘 잡았다고 소문이 날까?' 생각하며 미친 사람처럼 아이 방문을 두들겨 댔습니다. 그런데 그때 섬광처럼 생각 하나가 스치고 지나갔습니다.

'이러다 저 아이가 죽으면 어떡하지? 혹시 자살이라도 하면 어떻게 되는 거지?'

아이가 죽고 난 후의 제 삶을 생각하니 그것은 사는 게 아니었습니다. 정신이 번뜩 났습니다. 그리고 갑자기 무서움이 몰려오기 시작했습니다. 저는 아이를 혼낼 생각을 접고 제 방으로 들어갔습니다. 그날 밤 아이는 아이 방에서, 저는 제 방에서 펑펑 울었습니다. 그리고 밤새 생각에 잠겼습니다.

'도대체 어디서부터 무엇이 잘못된 걸까?'

2부

나는 부모인가,
감시자인가

돈 때문에 좌절했던
대학 시절

늘 앞만 보고 살았습니다. 정신없이 출근했다 칼퇴근해 식구들 밥해 먹이고, 아이들 숙제 봐 주고, 책 읽어 주고, 늦은 시간까지 집안일하다 지쳐서 잠자리에 들고, 다시 아침 일찍 일어나 출근하는 다람쥐 쳇바퀴 도는 생활이었습니다. 촌각을 다투며 사는 바쁜 일상이어도 그럭저럭 만족하며 살았는데, 도대체 무엇이 잘못된 건지 그날 처음으로 제 삶을 되돌아보기 시작했습니다.

아이들 어린 시절에 있었던 수많은 사건이 파노라마처럼 스쳐 지나갑니다. 그러다 문득 두 가지 사실을 깨달았습니다. 제가 아이들을 진심으로 칭찬해 준 적이 없었다는 것, 한 번도 마음의 여유를 가지고 아이들과 눈을 맞추며 대화해 본 적이 없었다는 것입니다.

저는 욕심이 많았습니다. 당시 수재들만 들어갈 수 있다는 명문 전주여고를 졸업했는데, 사실 부모님은 제가 실업계에 가기를 바라셨습니다. 아버지가 당뇨로 쓰러지셔서 특별한 소득이 없는 데다가 모아 놓은 재산도 없었기 때문입니다. 게다가 '유남'이라는 좋은 이름 덕에 밑으로 남동생 둘과 여동생 하나가 있었습니다. 전주 이(李)가의 고루한 양반 사상은 딸보다는 아들을 선호해 부모님은 공부 잘하는 딸보다는 아들들을 대학 보내야 한다는 생각을 하고 계셨습니다. 그럼에도 불구하고 저는 전주여고 진학을 고집했고, 다행히 '라이온스 클럽'과 학교 장학금으로 학업을 이어갈 수 있었습니다.

저는 나름대로 공부를 잘했기에 4년제 명문 대학에 진학하고 싶었습니다. 하지만 형편도 어렵고 동생들도 있어서 고민이었습니다. 서울대학교의 원하는 과를 가기엔 위험 부담이 있었는데, 떨어지면 재수는 상상도 할 수 없으니 안전한 곳에 지원해야 했지요. 제 점수 정도면 유명 사립대 4년 장학생으로 갈 수 있었지만, 생활비까지 감당하기는 어려울 것 같았습니다. 당시 정권의 과외 금지령 때문에 대학생들은 아르바이트로 과외를 할 수 없었기 때문입니다. 일정한 소득 없이 4년을 버틸 생각을 하니 엄두가 나지 않았습니다. 이런 저의 사정을 아는 담임 선생님께서 당시 2년제 국립 전문 대학교인 교육 대학을 추천해 주셨습니다.

입학한 대학이 명문이긴 하지만 2년제라는 이유로 자존심이 많이 상했습니다. 더군다나 저보다 성적이 떨어지는 아이들이 4

년제 명문 대학에 가서는 무게 잡고 다니는 것을 보면 가소롭기도 했습니다. 무엇보다 그때 우리 대학 교수님들은 신입생 오리엔테이션 시간부터 "너희는 자의 반 타의 반 이 대학에 왔다", 즉 "돈이 없어 이 대학을 왔다"는 식의 말씀을 아무렇지도 않게 하셨습니다. 이 소리를 귀에 못이 박히도록 들으면서 자존감이 엄청 떨어졌습니다. 그 흔한 미팅 자리에도 나가지 않았고, 동아리 활동도 하지 않았으며, 거의 은둔 생활을 하며 가슴 아픈 대학 시절을 보내야 했습니다.

지금은 제가 졸업한 대학이 4년제가 되어 정말 들어가기 힘든 대학이 되었지만, 저는 그때 늘 학교를 그만두고 싶었습니다. 실제로 그만두려고도 했습니다. 그런데 학교 다니기 싫으면 그만두고 취직하라는 부모님 말씀에 '이 대학이라도 나오지 않으면 대학 졸업장도 못 받겠구나'라는 위기의식을 느껴 울며 겨자 먹기로 졸업했습니다.

지금 생각하면 그때 우리 교수님들이 "대한민국 최고의 교육대학에 입학한 것을 축하한다. 우리 대학은 비록 2년제이지만 명문 4년제 학생들보다 훨씬 우수한 성적을 가진 너희 같은 학생들이 입학하는, 아무나 합격할 수 없는 대학이다. 너희에 의해 대한민국 교육이 좌우될 테니 앞으로 2년 동안 열심히 공부해서 대한민국 아이들을 살리는 자랑스러운 교사가 되어다오"라고 했다면, 저는 이 학교에 입학한 것을 정말 자랑스럽게 생각하며 더 열심히 공부하지 않았을까요?

나는 부모인가,
감시자인가

갈등 속에 대학을 다녔지만 성적은 아주 우수하였습니다. 덕분에 졸업하자마자 스무 살 갓 넘은 교사가 되었습니다. 다행히 아이들 가르치는 일은 제 적성에 잘 맞았기에 교사로서의 삶은 즐거웠습니다.

하지만 저의 어두운 대학 시절을 내 자식들에게는 물려주고 싶지 않았습니다. 두 아이는 제가 가지 못한 우리나라 명문 대학이나 미국 아이비리그에 진학하길 바랐습니다. 그래서 저처럼 자존감 떨어지지 않고 어깨에 힘주고 다니길 바라는 마음이 간절했던 것 같습니다.

저는 발령 이후 정말 열심히 교직 생활을 했습니다. 학생들 교육에 열의를 다했고 각종 연수 수석은 물론이고, 수업 연구 대회와 수업 실기 대회, 전국 현장 연구 대회 등에서 1등을 휩쓸었습니다.

그렇게 잘나가는 엄마였던지라 우리 아이들이 웬만큼 잘해서는 성에 차지 않았습니다. 저의 기준은 적어도 엄마보다 잘해야 하고, 제가 가르친 학생 중 제일 잘하는 학생보다 더 잘해야 한다는 것이었습니다. 그래서 우리 집 두 아이는 칭찬 한 번을 들은 적이 없었습니다.

생각해 보니 저는 우리 아이들을 붙잡고 "너는 어떤 친구를 좋아하니? 너는 꿈이 뭐야? 네가 좋아하는 친구는 누구지? 오늘 학교에서 뭐가 재미있었어? 너는 무엇을 할 때 행복해? 너희 선생님은 어떤 점이 좋아?" 이런 대화를 해 본 적이 없었습니다.

여러분은 최근에 아이들과 마주 앉아 30분 이상 대화를 해 본 적이 있습니까? 여러분이 잔소리하는 30분이 아니라, 아이가 이야기하는 것을 들어주는 30분! 아이들이 말할 수 있는 분위기를 만들어 주는 부모, 30분 이상 아이의 이야기를 들어줄 수 있는 마음의 여유를 가진 부모, 아이가 말할 때 눈을 맞추고 공감해 줘서 아이가 신나게 말할 수 있도록 해 주는 부모! 저는 그런 부모님들을 '코치형 부모'라고 하고 싶습니다.

저는 30분은커녕 3분도 대화해 본 적이 없었습니다. 제가 우리 집 아이들에게 한 말은 거의 이런 것이었습니다.

"숙제했니? 일기 썼니? 학원 갔다 왔니? 문제집 다 풀었어? 책 다 읽었어? 시험 잘 봤어?"

늘 확인하고 다그치고 지시하고 통제하는 말뿐이었습니다.

전 한 번도 아이 마음을 헤아려 준 적이 없었습니다. 저는 딸아이의 이해하지 못할 충격적인 그 행동을 본 날, 처음으로 '우리 아이들이 그동안 얼마나 힘들었을까?'라는 생각을 하게 되었습니다.

'우리 같은 엄마 아빠 밑에서 얼마나 무섭고 불안하게 쫓기듯 살았을까?' 생각했습니다. 그리고 깨달았습니다. '그동안 나는 부모가 아니었구나. 관리자이고 감시자이고 통치자였구나, 그것도 아주 무섭고 나쁜!'

그렇게 큰 깨달음을 얻은 저는 '어떤 부모가 긴 세월 동안 자녀들과 행복하게 지내는가, 어떻게 자녀들을 행복한 성공으로 이끄는가, 오랜 세월이 흘러도 제자들이 찾아오는 선생님은 어떤 선생님인가, 어떻게 하면 아이들과 대화가 통할 수 있을까?'에 대해 처절하게 고민하기 시작했습니다. 그리고 그 고민을 해결하기 위해 밖으로 나섰습니다.

전국을 다니며 유명하다는 부모 교육을 듣기 시작하면서 소통 관련 교육에 참여했습니다. 그렇게 만난 소통, 리더십, 코칭에 관한 다양한 교육들! 그리고 '한국리더십센터'에서 새로운 교육의 세계를 만나게 되었습니다. 한국코칭센터, 마이다스 학습연구소, 한국비전 교육원, 숭실대 CK교육연구소, TMD 교육그룹, 리더십 코칭센터, HD행복연구소, 한국 부부행복 코칭센터, 아시아 코치센터의 교육 기관에서도 뒤늦게 공부를 했습니다. 그렇게 받은 한국코칭협회 인증(KPC:Korea Professional Coach) 자격 외에 각종 자격증이 20여 개! 지금은 이 자격증을 가지고 전국과 전 세계를 다니며 부모님과 선생님들께 강의를 하고 있습니다.

제가 어떤 마음으로 강의를 할까요? 30여 년 동안 학생들에게 칭찬 한마디 안 해 주고, 늘 공부 잘하고 숙제 잘해야 한다는 강박 관념에 시달리게 했던 선생님으로서, 그 학생들에게 무릎 꿇고 사죄하는 마음으로 강의합니다. 인생에 있어 단 한 번뿐인 유년기·청소년기를 무서운 선생님 때문에 불안하게 보냈으니, 그 아이들에게 용서를 비는 마음으로 강의합니다.

속죄하는 마음, 피를 토하는 심정으로 강의를 했더니 죽어가던 아이들이 살아나고, 원수 되었던 부모와 자녀, 멀어졌던 스승과 제자, 이혼 위기에 내몰렸던 가정이 화합하는 기적 같은 일들이 일어나고 있습니다. 이제는 이 강의가 대한민국 아이들과 학교, 가정과 사회를 살린다고 생각하며 죽는 날까지 제가 해야 할 일이라고 여기고 있습니다.

여러분은 지금 자녀들에게 부모인가요, 감시자인가요? 저처럼 부모가 아닌 감시자, 감독자, 관리자의 역할을 하고 계시다면, 함께 생각하는 시간이 되기를 바랍니다.

성공의 조건
1위는?

배울 만큼 배우고 알 만큼 아는 제가 왜 그토록 우리 집 아이들을 무섭고 매몰차게 대했을까요? 그 것은 저의 성공에 대한 잘못된, 오염된 개념 때문이었습니다. 저 의 '성공' 개념은 이런 것이었습니다. 공부 잘해서 남들 부러워하는 대학 가고, 좋은 직장 들어가서 돈 많이 벌고, 지위도 높아지는 것. 그래서 남들보다 잘나가고 떵떵거리며 사는 것!

흔히 '성공' 하면 '돈, 지위, 명예'를 떠올립니다. 하지만 '행복' 없는 돈과 지위, 명예가 무슨 소용이 있을까요? 그 좋다는 돈, 지위, 명예가 때로는 큰 재앙이 되기도 합니다. 부모 재산 때문에 형제자매가 서로 다투고 갈라서는 경우를 여러분도 많이 봤을 겁니다. 저는 두 아이들 덕분에 성공이 돈과 지위, 명예에 달린 것이 아니라는 사실을 뒤늦게 깨달았습니다.

그럼 '진짜 성공'이란 무엇일까요? 미국 『월스트리트 저널』에서 '아메리칸 드림'이라는 주제로 1654명을 대상으로 조사를 했습니다. "당신은 언제 성공했다고 생각하느냐?"는 질문에 다음과 같은 결과가 나왔다고 합니다.

2위 행복한 결혼

3위 행복한 인간관계

4위 자신을 존경하는 친구를 갖는 것

5위 자기 분야의 정상에 서는 것

6위 권력 또는 영향력을 갖는 것

7위 부자가 되는 것

8위 명성을 얻는 것

그렇다면 1위는 무엇이었을까요? '존경받는 부모가 되는 것'이었습니다. 오늘 여러분 자녀들을 앉혀 놓고 이렇게 질문해 보시지요.

"너는 나를 존경하니?"

많은 아이들이 "엄마가 좋아요", "아빠 사랑해요"라는 말은 많이 하지만 존경한다는 말은 쉽게 하지 않습니다.

저는 우리 아이들이 학교를 그만두기 전인 2004년, 이와 관련된 '성공하는 사람들의 일곱 가지 습관'이라는 리더십 연수를 받은 적이 있습니다. 이 과정에서 한 강사가 과제를 내 주었습니다.

집에 돌아가 자녀에게 "너는 나를 존경하니?"라고 묻고 아이가 어떤 대답을 했는지 발표를 하라는 것이었습니다.

숙제를 멋지게 해야 할 텐데, 아무리 생각해 봐도 딸에게 이런 질문을 하면 좋은 대답이 나올 것 같지 않았습니다. 그래서 당시 정말 잘~~ 나가던 아들을 기다렸습니다. 밤 10시가 넘어 아들이 집에 오자마자 도움을 요청했습니다.

"아들, 거기 식탁에 좀 앉아 봐. 엄마가 숙제를 해야 하는데 좀 도와줘야겠어."

"뭔데요?"

"응. 엄마가 묻는 말에 대답만 하면 돼."

"물어보세요."

아들에게 '너는 나를 존경하니?'라고 묻기에는 좀 낯이 간지러워서 "너는 엄마를 어떻게 생각하니?"라고 돌려서 물었습니다. 중학교 3학년인 아들은 난색을 표하며 "엄마, 그거 꼭 대답해야 해? 곤란한데……"라고 했습니다.

"평소 생각했던 대로 얼른 말해"라고 재촉하자 아들은 뒷머리를 계속 긁적거립니다.

"야, 얼른 빨리 말하라고. 엄마도 너도 바쁜데."

그날도 여전히 '얼른! 빨리! 바빠!'가 튀어나왔습니다. 저의 닦달에 아들은 한참을 생각하더니 "엄마, 엄마는 훌륭한 직장인입니다. 그리고 존경받는 선생님이십니다"라고 답했습니다. 아들이 보는 저는 그저 정말 열심히 일하는 선생님, 학부모님들이 좋아하는 선생님일 뿐이었습니다.

왜 학부모들이 저를 좋아했을까요? 제가 가르치는 학급에 배정받으면 성적이 엄청 올랐기 때문입니다. 다른 반에서 3명이 상을 받으면 우리 반 아이들은 10명 이상이 받았습니다. 숙제 안 해 오는 아이들도 없었고, 지각하는 아이들도 거의 없었습니다. 그래서 학년이 바뀔 때면 제가 담임이 되게 해 달라고 기도하는 어머님들까지 있었다고 합니다. 이런 사실을 잘 알고 있던 아들은 저를 훌륭한 직장인, 존경받는 선생님이라고 말했던 거지요. 그리고 지나가듯 이렇게 덧붙였습니다.

"그런데 저는 직장 다니는 여자와는 절대로 결혼하지 않을 겁니다."

여러분, 이것은 무슨 뜻일까요? 이 말은 당신은 직장에서는 잘하고 있는지 모르지만, 부모로서는 빵점이라는 의미를 우회적으로 한 말이 아니었을까요? 그런데 미련한 저는 이 말을 알아듣지 못했습니다. 사람은 자기가 필요한 말만 알아듣는 '선택적 경청'을 하는 경우가 많습니다. 저는 훌륭하다, 존경받는다는 말만 들으면 되었기에, 이렇게 답했습니다.

"그래. 남자가 잘나가면 여자가 직장 안 다녀도 되지. 네가 잘나가면 되겠네. 이왕이면 살림 잘하고, 아이 잘 키우는 여자 만나. 그래서 엄마 집 냉장고에 반찬 좀 넣어 주라. 돈은 줄 테니까."

아이는 엄마의 농담 반 진담 반에 그저 씁쓸한 웃음을 짓습니다. 그런 아들에게 저는 한마디 더 했습니다.

"그러려면 공부를 열심히 해야 하는 거야. 얼른 들어가 공부해."

저는 아이에게 "너는 왜 직장 다니는 여자가 싫으니?"라고 물어봤어야 했습니다. 아이들 말에는 많은 생각과 마음이 담겨 있습니다. 그 말을 한 아들 마음에는 얼마나 많은 생각들이 담겨 있었을까요? 입 밖으로 꺼낸 말은 빙산의 일각일 뿐, 그 안에 어마어마한 덩어리가 숨겨져 있었을 텐데, 저는 그것을 놓치고 있었던 겁니다.

부모가 무식하다는 것은 학교를 다니지 못했다는 말이 절대로 아닙니다. 석사·박사 학위가 있으면 뭘 합니까? 자기 자식의 마음을 읽지 못하고, 아이가 말하는 의미가 무엇인지 모르면 무식한 부모, 무자격 부모인 것이지요. 저는 영어만 해석을 못 하는 게 아니라 아들이 한 우리말도 해석을 못 하고 있었던 겁니다.

운전면허 없이 운전하면 본인이 잡혀갑니다. 하지만 무자격으로 아이들을 교육하면, 내가 아니라 아이들이 감옥에 갈 수 있습니다.

앞에서 진정한 성공은 '자녀로부터 존경받는 부모'라는 미국 설문 조사 결과를 살펴봤습니다. 그럼 어떻게 하면 자녀로부터 존경받을 수 있을까요? 어떤 분이 성공이란 '성장하며 공유하는 것'이라고 정의하셨는데, 저도 깊이 공감합니다. 스스로 노력하면서 성장하고, 갖고 있는 것들을 남과 나누는 것! 그것이야말로 진정한 성공이고, 그러기 위해 노력하는 부모가 자녀로부터 존경받을 것이라고 생각합니다.

안타까운 사람,
괴로운 사람, 싫은 사람

제가 어렸을 때는 사람 유형을 '든 사람, 난 사람, 된 사람'으로 나눴던 기억이 있습니다. 또 어떻게 나눌 수 있을까요?

다음 표를 보십시오. 가로축을 역량, 세로축을 성품이라고 하면 사람 유형은 다음과 같이 네 종류로 나눌 수 있다고 합니다.

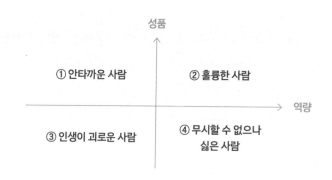

우리는 ①번 유형을 말할 때 "애는 참~ 착해"라며 '참'을 강조합니다. 그런데 뒤가 아쉽지요? 이러한 사람을 안타까운 사람이라 합니다. 반면 ③번 유형에게는 "성질도 못된 게 능력도 없어"라고 합니다. 이런 사람들은 인생이 괴롭겠지요. ④번에 속한 사람들은 능력은 뛰어나나 성품이 좋지 않아 무시할 수는 없지만 가까이하기엔 너무 멉니다. 그러면 ②번에 속한 사람들은 어떨까요? 성품도 역량도 탁월한 '훌륭한 사람'이라 누구나 존경합니다.

네 가지 유형을 사자성어로 하면, ②번은 '금상첨화', ①번은 안타깝지만 성품이 좋아 남에게 해는 끼치지 않으니 '천만다행', ③번은 '설상가상', ④번은 '위험천만'이라고 표현할 수 있겠습니다.

그런데 저처럼 성공에 대한 잘못된 개념으로 키운다면 아이들이 어디로 갈까요? 공부만 강조하고 능력만 강조하면 ④번에 속한 사람이 됩니다. 즉, 위험천만한 사람이 됩니다. 실컷 공부시켜놨더니 잘못을 저질러 감옥 가고, 남한테 손가락질을 받을 수 있습니다.

저는 고향이 전라북도 임실입니다. 부모님은 저희 형제들을 가르치겠다고 얼마 되지 않는 논밭을 팔아 교육의 도시 전주로 옮겨 갔습니다. 아이들 어렸을 때는 친척들 행사에 참석하려고 전주를 자주 가야 했는데, 아이들이 초등 3~4학년이 되면서부터는 데리고 다니지 않았습니다. 아이들 입장에서는 전주에 가면 학원도 빠지고, 사촌도 만나고, 용돈도 받는 일석 몇 조의 기쁨이 있었지요. 그래서 두 아이는 "엄마, 나도 데려가 줘"라며 졸랐지만 저는 한마디로 거절했습니다. 가면 비싼 학원도 빠지게 되고, 피곤하면 공부하기도 어렵다는 것이 이유였지요.

10여 년 시부모님과 살다가 분가를 하게 됐습니다. 1년에 두 번 시부모님 생신에 가족들이 모여 식사하는 날이 시험 기간과 겹치면 아이들을 데리고 가지 않았습니다. 시부모님께서는 매우 섭섭해 하셨지만 아랑곳하지 않았습니다.

딸은 2월생이다 보니 일곱 살에 학교에 갔습니다. 대중교통 등을 이용할 때 초등학생은 돈을 내야 하는 경우가 많았는데 키 작고 나이도 어린 딸에게 저는 늘 입단속을 시켰지요. "학교 다니느냐고 물으면 아니라고 대답해." 어느 날 딸은 이렇게 말합니다.

"엄마, 나 학교 다니는데 왜 안 다닌다고 거짓말하라고 해? 엄마가 거짓말하지 말라고 했잖아."

그럼 저는 이렇게 말했지요.

"융통성이라는 것이 있어. 고지식하게 살면 어떻게 사니?"

이렇게 내 아이들을 키운 제가 우리 반 아이들은 어떻게 가르쳤을까요? 형제끼리 우애하라고, 조부모님께 잘하라고, 거짓말하면 안 된다고 가르치지 않았겠습니까? 내가 하는 것은 융통성이고 다른 사람이 하는 것은 거짓말이라는 '내 멋대로 원칙'에 살고 있는 저 자신이 위험천만한 사람이었습니다. 이런 엄마를 보고 자란 우리 아이들 역시 위험천만한 사람으로 자라가고 있던 것은 아니었을까요?

두 아이가 자퇴한
진짜 이유

자녀를 성품도 역량도 탁월한 '금상첨화'의 사람으로 키우려면 어떻게 해야 할까요? 스스로 생각하고, 선택하고, 행동하는 능력, 즉 '자기 주도 학습 능력'을 갖춘 아이로 키워야 합니다. 저는 뒤늦게 여러 공부를 하고 나서야 두 아이가 왜 학교를 그만두었는지 깨닫게 되었습니다. 두 아이들은 타인 주도 혹은 엄마 주도 학습을 했던 것입니다.

저는 아이들의 스케줄을 쫙 짜 주었습니다. 월요일 가는 학원, 화요일 가는 학원, 수요일 가는 학원을 일일이 다 짜 주었습니다. 아이들은 엄마가 하라는 숙제를 하고, 엄마가 가라는 학원에 가고, 엄마가 풀라는 문제집을 풀고, 엄마가 읽으라는 책을 읽으며 자랐습니다.

우리 반 아이들도 마찬가지였습니다. 아이들은 제가 가르치는 해에는 공부를 잘했습니다. 그런데 학년을 올려 보내면 여지없이 성적이 떨어졌습니다. 부모님들은 "선생님께 배울 때는 공부를 잘했는데, 학년이 올라가니 성적이 떨어져 걱정이에요"라고 했습니다. 이런 말을 들으면 '나는 잘 가르쳤는데 다른 선생님들은 그렇게 못 가르치는구나' 생각하기도 했습니다. 그러나 사실은 제가 선생님이 주도하는 학습으로 밀어붙였기 때문이었습니다.

타인 주도 학습은 언젠가 한계에 다다릅니다. 우리 집 아이들에겐 고3과 고2가 그때였는데, 아이에 따라 시기가 다를 뿐 누구에게나 언젠가는 반드시 한계에 부딪히는 날이 옵니다.

제가 대학에서 강의할 때 보니 많은 학생이 그 힘든 입시 지옥을 뚫고 입학을 했다가 1학년도 마치지 못하고 학교를 그만두는 것이었습니다. 재수하러 가는 것이지요.. 그나마 1학년 때 그만두는 학생들은 용기 있는 학생입니다. 부모가 무서워서, 무엇을 해야 할지 몰라서 그냥 다니는 학생들도 있습니다. 어찌어찌 힘들게 졸업한다 해도 이것이 본인의 길이 아니라는 생각에 다시 대학 가는 학생들도 있습니다. 4년제 대학 졸업하고 다시 전문대를 가는 학생들도 있습니다.

왜 그럴까요? 이 문제의 가장 큰 원인은 어린 시절부터 스스로 생각하고, 스스로 선택하고, 스스로 행동할 수 있는 능력을 키우지 못한 데 있습니다. 그러다 보니 수능 성적에 맞춰 부모님이, 선생님이, 학원 강사가 가라는 대학을 가는 것이죠.

그렇다면 자기 주도 학습 능력은 어떻게 생길까요? 많은 교육

학자들은 세 가지를 꼽습니다. '동기, 행동, 인지.' 그중에서도 가장 중요한 요소는 바로 '동기'라고 합니다.

무엇을 배울 때 '동기'는 정말로 중요한 요소입니다. 동기란 가만히 앉아 있어도 뭔가 하고 싶은 마음이 생기는 것입니다. 우리 아이들이 이런 말을 하면 얼마나 좋을까요?

"엄마, 난 잠이 안 와."

"왜?"

"공부하고 싶어서."

아이가 이런 말을 하면 또 어떨까요?

"엄마, 아침에 밥 좀 빨리 해 주면 안 돼? 난 이 세상에서 학교 가는 일이 제일 좋은데, 엄마가 밥을 늦게 줘서 학교를 빨리 못 간단 말이야."

"아빠, 방학은 왜 이렇게 길어요? 빨리 방학이 끝났으면 좋겠다."

"이번 주말은 서점에 가요. 읽고 싶은 책이 너무 많은데, 우리 집엔 책이 없어요."

"텔레비전 좀 꺼 주세요. 텔레비전 소리 때문에 공부를 할 수가 없어요. 엄마 아빠는 눈치 없이 왜 텔레비전을 자꾸 켜시는 거예요?"

우리 아이들이 이런 말을 한다면 더 바랄 것이 없겠지요? 그런데 아이들은 잘 하지 않습니다. 바로 동기 부여가 되지 않기 때문입니다. 여러분들이 스스로 원해서 어떤 일을 할 때는 어떻습니까? 시간 가는 줄 모르시지요? 밥을 안 먹어도 배고픈 줄 모르고 합니다. 사람들은 본인이 원해서 어떤 일을 하게 되면 그것을 하기 위해 수많은 역경을 이겨냅니다.

이시형 박사님이 제일 많이 강조하시는 게 바로 '세로토닌'입니다! 인간은 자신이 원하는 일을 할 때 '세로토닌'이라는 호르몬이 나온다고 합니다. 이 호르몬은 사람들이 행복감을 느끼게 해 줄 뿐만 아니라 더 나아가 뇌의 용량을 키워 준다고 합니다. 어려서 중요한 것은 뇌의 용량을 키워 주는 것입니다. 어려서 뇌의 용량을 키워 주어야 많은 것을 담을 수 있는 법입니다. 그런데 저는 용량 키우는 일은 하지 않고 담는 일만 열심히 했습니다. 작은 그릇에 영어 담고, 수학 담고, 논술 담고 등등 수많은 것들을 열심히 담았더니 그 작은 그릇이 깨어지고 갈라지고 부서져 저희 집 아이들은 엄청난 스트레스를 받았고, 행복 호르몬이 아닌 스트레스 호르몬 '코티솔'이 쌓여 심각한 우울증 환자가 되어 고통스러워 하고 있었는데, 멍청하고 무식하고 무자격인 이 엄마는 그것을 모르고 있었습니다.

자존감은
칭찬에서 온다

동기를 북돋우려면 무엇이 필요할까요? 중요한 것 두 가지를 꼽는다면, 자존감과 목표입니다.

자존감이란 뭘까요? '나 참 잘하고 있어. 내가 하면 참 잘해. 난 뭐든지 잘할 수 있어. 나란 존재는 참 괜찮은 존재야.' 이런 생각이 드는 것 아니겠습니까?

그럼 자존감은 어디서 올까요? 자존감은 칭찬에서 옵니다. 인정, 존중, 지지, 칭찬을 받은 아이들이 자존감이 높은 것은 당연한 이치일 것입니다. 그래서 자존감 형성은 선천적 요인보다 후천적 요인이 큽니다. 어떤 일을 했을 때 칭찬을 들으면 그 일을 더 잘하고 싶을 겁니다.

에디슨 어머니와 저를 한번 비교해 보겠습니다. 알다시피 에디슨은 세계적인 말썽쟁이였죠. 선생님을 얼마나 힘들게 했는지 초등학교 2학년 때 퇴학을 당합니다. 그래도 그의 어머니는 "너는 그 사람들과 조금 다를 뿐이야" 하고 아들의 독특한 행동을 인정해 주면서 받아 줍니다. 또한 "엄마와 함께 재미있게 공부하자"라며 에디슨 눈높이에 맞춰 공부를 가르쳐 주었습니다.

에디슨이 부린 말썽 중 유명한, 닭장에서 알을 품은 일화가 있습니다. 만약에 우리 아이들이 알을 품었으면 저는 어떻게 했을까요? 닭장에 당장 쫓아 들어가 일단 등짝부터 때렸을 겁니다. 그리고 "네가 여기서 알이나 품을 때야? 얼른 가서 숙제하고 공부해"라고 야단을 쳤을 겁니다.

하지만 에디슨 어머니는 남달랐습니다. 그녀는 아이가 놀라지 않게 살금살금 닭장으로 들어가 아이의 귓전에 대고 부드럽고 잔잔한 목소리로 "너는 어떻게 이런 기발한 생각을 했니? 앞으로 대단한 일을 하겠구나"라며 칭찬했다고 합니다. 아이의 호기심과 잠재력을 인정하고 칭찬한 것입니다.

아이들이 하는 일은 거의 비슷합니다. 어떤 아이라도 태어나면서부터 대단하고 훌륭한 일을 하는 것은 아닙니다. 부모가 아이 행동을 인정해 줘야 아이 자존감이 올라가고, 이것도 저것도 해 보고 싶은 동기 부여의 싹을 키울 수 있습니다.

에디슨 어머니가 "한 번만 더 그런 짓 해 봐. 집에서 쫓겨나는 수가 있어!"라며 혼을 냈다면 에디슨은 다시는 그런 일을 하지 않았을 것이고, 결국 오늘날의 에디슨도 없었을 것입니다. 에디슨은 계속 엉뚱한 시도를 하면서 전기를 발명하고, 결국 인류 문명에 엄청난 기여를 하게 됩니다. 전기 발명은 알다시피 하루아침에 이루어진 것이 아닙니다. 수많은 어려움이 있었습니다. 에디슨에게 자존감이 없었으면 그 역경을 이겨낼 수 없었을 겁니다. 에디슨 어머니는 어려서부터 인정, 존중, 지지, 칭찬을 통해 아들의 자존감을 키워 주었고, 그 자존감이야말로 에디슨이 어려움 속에서도 다시 일어나는 힘이 되었습니다. 이처럼 인정, 존중, 지지, 칭찬은 자존감을 살리는 핵심 요소이면서 코칭의 가장 중요한 기술입니다.

그런데 많은 부모님들은 아이들의 자존감 대신 '자존심'을 키워 주고 있습니다. 자존심은 어디서 오는 것일까요? 바로 '열등의식'에서 옵니다. 이 열등의식은 멸시, 천대, 학대, 비난, 경멸 등의 말을 들으며 인정, 존중, 지지, 격려, 칭찬을 받지 못하고 자란 아이들의 마음속에서 자랍니다. 사람을 불행하게 하고 많은 범죄의 원인이 되는 무서운 생각입니다.

학생들을 가르치다 보면 아주 예민한 아이들이 있습니다. 그 부모님들은 "우리 아이는 많이 예민해요"라는 얘기를 마치 "우리 아이는 있어 보이는 아이"라는 듯이 말하는 경우가 많습니다. 그런데 '예민하다'는 것은 자랑이 아닙니다. 물론 기질적으로 예민하게 태어난 아이도 있을 것입니다. 그러나 만약 그렇지 않은 아이를 부모가 예민한 아이로 키우고 있다면, 이것은 잘못된 양육법 때문입니다.

저희 딸은 지금도 정말 예민합니다. 제가 어린 시절 인정, 존중, 지지, 격려, 칭찬에 매우 인색했기 때문에 그렇게 됐다는 것을 너무나 절절하게 느끼고 있습니다. 와타나베 준이치의 『나는 둔감하게 살기로 했다』라는 베스트셀러가 있습니다. 둔한 사람이 사회적으로 성공하고 행복한 삶을 산다는 것이 이 책의 요지입니다. 둔한 사람은 예민하지 않은 사람, 즉 무던한 사람, 어떤 자극이 와도 빨리 화를 내지 않고 마음이 넉넉하고 포용력이 있는 사람이라는 뜻입니다. 이런 사람은 바로 자존감이 높은 사람입니다. 이런 사람들은 누군가가 상처를 주어도 그 상처 때문에 힘들어 하지 않고 시련과 어려움이 와도 잘 극복할 수 있는 사람입니다. 그래서 자존심을 키워 주기보다는 자존감을 키우는 것이 무엇보다 중요하다 할 수 있습니다. 그 자존감을 키워 주기 위해서는 인정, 존중, 지지, 격려, 칭찬이 생활화 되어야 합니다.

강남 언저리 사는
엄마가 더 무섭다

칭찬이 얼마나 중요한지는 아무리 강조해도 지나치지 않습니다. 오죽하면 고래도 칭찬을 하니 춤을 추더라고 하지 않습니까? 하물며 우리 아이들을 칭찬해 주면 얼마나 신나게 춤을 출까요?

우리는 아이들 교육을 외부에 많이 의존하고 있습니다. 영어 발음을 좋아지게 하는 학원이 있다면 학원비가 비싸더라도 그 학원에 보냅니다. 수학 잘 가르치는 학원이 멀리 있다면 차를 태워서라도 보내지요. 아이 머리가 좋아진다면 비싼 돈을 주고라도 총명탕을 먹이려고 애씁니다. 그런데 돈도 시간도 들이지 않고 얼마든지 자유롭게 할 수 있는 '인정, 존중, 지지, 칭찬'에는 참으로 인색합니다.

저는 정말 칭찬에 인색했습니다. 아들이 전교 1등을 한 성적표를 가져와 "엄마, 저 1등 했어요"라고 목소리에 힘을 줘 말하면 "야, 목소리에 힘 빼고 지난달 성적표 가지고 와" 했습니다. 그리고 두 개의 성적표를 비교하며 말했습니다. "국어는 올랐네. 그런데 수학은 왜 떨어졌어? 너 수학 얼마짜리 학원 다니고 있는 줄 알아? 과학·사회는 왜 이 점수야? 평균 97점으로 1등 했다고 자만하지 마. 너희 학교 수준이면 강남 가면 중간도 못 해"라고 말하며 아이의 기를 죽였습니다.

강남 엄마들보다 아이들을 더 잡는 엄마들이 누구인지 아십니까? 강남 언저리 사는 엄마들입니다. 바로 옆 동네지만, 여러 여건상 그곳에 들어가지 못하니 늘 불안한 것이지요.

저는 오래전 강남에 살다가 발령이 다른 동네로 나는 바람에 아예 이사를 가게 되었습니다. 그런데 그 시절에는 서로 비슷하던 집값이 세월이 흐르며 어찌나 차이가 나는지, 다시는 강남으로 갈 수 없었습니다. 그렇게 늘 강남 언저리를 맴돌면서 우리 아이들 종합 학원은 강남으로 보냈고, 어떻게 하면 강남 아이들과 엮어 과외를 시킬까 궁리하곤 했습니다. 그래서인지 우리 아이들은 지금도 강남이라는 말만 들어도 진절머리를 치고 그곳에 잘 가지도 않습니다.

아들은 그나마 공부를 잘해서 덜 혼났습니다. 아들은 세 살 때부터 한글을 읽기 시작했는데 딸은 세 살은커녕 일곱 살이 되도록 한글을 못 읽으니 기가 막혔습니다. 더군다나 2월생이다 보니 한글을 못 뗀 채 일곱 살에 학교에 입학해야 했습니다.

1학년 때 가장 중요한 시험은 무엇인가요? 바로 받아쓰기입니다. 저는 받아쓰기가 인생을 좌우하는 줄 알았습니다. 딸 1학년 때 저는 대학원 석사 과정을 밟고 있었습니다. 저녁 9시 30분에 수업이 끝나 집에 오면 10시가 넘습니다. 딸이 받아쓰기 시험 보기 전날이면 온 집안이 초비상 상태가 됩니다.

대학원 수업 도중에 저는 어머니께 전화해 딸을 재우지 말라고 부탁하고, 집에 와서 그 늦은 시간에 받아쓰기 연습을 시킵니다. 옷도 갈아입지 못한 채 딸을 앉히고는 '1번 나, 2번 너, 3번 우리, 4번 대한민국'을 부릅니다. 제 목소리는 점점 커집니다. 그 쉬운 것을 제대로 못 쓰니 정말 답답하여 점점 소리가 올라가는 것이지요. 그럴수록 딸은 겁을 먹어 더 틀리게 됩니다. 그러면 "너는 어떻게 한글을 모르냐? 너는 대한민국 사람 아니니? 다른 아이들은 그 나이에 한글뿐만 아니라 영어도 읽고 쓰는데, 너는 어떻게 된 아이가 그 모양이냐?"라며 야단을 칩니다.

시간이 흘러 딸아이의 눈꺼풀이 무거워집니다. 이제 딸은 울면서 "엄마, 졸려요. 졸려서 못 하겠어요. 재워 주세요"라고 애원합니다. 그러나 저는 "지금 잠이 오니?"라며 소리를 지르고 "가서 세수하고 와!" 하고 세수를 시켜 다시 연습을 시작합니다. 일곱 살짜리 딸을 고3 수험생 공부시키듯 다그쳤습니다.

그렇게 밤늦도록 열심히 연습하여 학교를 보냈건만 딸이 받아 온 첫 받아쓰기 시험 점수는 60점이었습니다. 정말 말이 나오지 않았습니다. 60점짜리 시험지를 조심스레 내놓으며 딸이 사인을 해 달라고 합니다.

"나는 이 점수에 사인 못 한다. 어떻게 이런 점수를 받니? 이 점수를 맞고 집에 오고 싶대? 도대체 누굴 닮았어?"

이런 말을 하며 야단을 치면 딸은 눈물을 줄줄 흘립니다. 그러면 "뭘 잘했다고 울어. 눈물 뚝 그치고 얼른 들어가 공부 못 해?" 하고 야단을 더 칩니다.

그 후에 딸은 80점을 맞아 왔습니다. 딸은 20점 올랐다고 좋아하는데, 그 점수에 성이 차지 않은 저는 "시험이 좀 쉬웠니?"라며 비아냥거렸습니다. 100점을 맞으면 신이 나서 시험지를 흔들며 "엄마, 나도 오빠처럼 100점 맞았어"라고 말합니다. 얼마나 칭찬이 그리웠을까요? 그런 딸에게 저는 "너희 반 아이들 다 100점이지? 100점 몇 명이야?"라며 모진 말을 했습니다. 그런데 여러분, 저는 아들과 딸에게 왜 그런 말을 하며 살았을까요? 나중에 우리 아이들 자퇴하고 폐인 되고 자살 준비하라고 그랬을까요? 아닙니다. 사랑했기 때문입니다. 사랑한다는 핑계로 그런 짓을 한 것이지요.

저는 그렇게 하면 아이들이 더 잘할 줄 알았습니다. 그것이 얼마나 아들과 딸에게 상처를 주는 말인지, 얼마나 날카로운 비수가 되어 아이들 가슴에 꽂히는지 그때는 미처 몰랐습니다. 그런 말들이 쌓이고 쌓여 아이들의 자존감을 무참히 짓밟아 동기부여의 싹을 자르고, 자기 주도 학습 능력을 상실하게 할 줄은 정말 몰랐습니다.

'너희 자녀를
노엽게 하지 말라'

제가 제 아이들에게 했던 상처 주는 말들을 존 가트맨 박사는 '원수 되는 말'이라고 정의했습니다. '원수 되는 말'을 계속 들은 아이들은 무슨 생각을 하며 자랄까요? 그런 말을 늘 들으면 마음속에 복수심이 자랍니다. 언젠가 원수 갚을 생각을 하며 자라게 되는 것이지요.

이 땅의 많은 부모들이 희생, 봉사, 헌신의 마음으로 자녀들을 키우지만, 나중에 자녀에게 좋은 소리 듣기는커녕 서로 얼굴도 제대로 마주 보지 못하는 원수 같은 관계가 되어 복수 당하는 경우가 많습니다. 바로 이 '원수 되는 말' 때문입니다.

성경에 '너희 자녀를 노엽게 하지 말라'(에베소서 6장 4절)는 구절이 있습니다. 저는 아주 오래전부터 성경을 읽었지만, 이 말 뜻이 이해가 되지 않았습니다. 그런데 '원수 되는 말'을 알고 나서야

이 말씀의 참뜻을 이해하게 되었습니다. 원수 되는 말을 많이 해서 자녀를 노엽게 하면 자녀가 바르게 성장할 수 없습니다. 또한 부모 자녀 관계가 나빠져 서로 불행하게 되니 자녀에게 이런 말을 하지 말라는 것입니다.

저는 2007년 모 출판사에서 『우리 아이를 위한 학교생활 성공전략 55』라는 책을 출판한 적이 있습니다. 당시 학부모 필독서로 평가 받은, 꽤 인기 있는 책이었습니다. 그런데 그 책을 출판하던 해, 아이들은 학교를 그만두었습니다. 참으로 모순된 일 아니겠습니까? 엄마는 학교생활 성공전략 책을 냈는데, 아이들은 학교를 그만두었으니 참으로 웃지 못할 일이지요. 아이들이 학교를 그만둔 이유 중의 하나는 '엄마가 가장 중요시하는 것이 학교이니, 엄마에게 복수하는 방법은 학교를 그만두는 일'이라는 생각 때문인 것 같습니다.

아이들이 학교를 그만둔 후, 밖으로 나가지도 않고 늘 제 속을 뒤집어서 한번은 할머니 집에 가서 살든지, 이모네 원룸 비어 있으니 거기 가서 좀 있으라고 한 적이 있습니다. 그랬더니 아이들은 "엄마나 나가. 내가 왜 나가?"라며 큰소리를 냈습니다. 지금 생각해 보니 엄마 보는 앞에서 복수를 해 줘야 한다는 심리적인 이유도 있었던 것 같습니다.

저는 우리 아이들 칭찬은 하지 않으면서 다른 집 아이들 칭찬은 참 잘했습니다.

"○○는 이번에 올백 맞았다더라. ○○는 이번에 상 받았대.

그 집 애들 인사성이 참 밝더라. 그 집 애들은 어쩜 그렇게 자기 할 일을 잘하는지 몰라."

이런 말을 하여 우리 집 아이들을 열받게 했습니다. 저는 또 제 남편 칭찬은 하지 않으면서 남의 집 남편 칭찬은 참 잘했습니다.

"○○ 아빠는 승진했다네. ○○ 아빠는 전원주택 샀대. ○○ 아빠는 그렇게 자상하고 아이들한테도 잘한대."

그런데 참 이상합니다. 그렇게 남의 남편 칭찬을 했는데, 저에게 단돈 1000원 한 장 갖다 주는 남의 집 남편이 없었습니다. 그렇게 남의 아이들 칭찬을 했지만, 제가 아파 누워 있을 때 물 한 모금 갖다 주는 남의 집 아이가 없었습니다. 누구를 칭찬하시겠습니까? 나와 가장 가까운 사람들! 나에게 가장 소중한 사람들! 내 남편과 아내, 내 아이, 내 부모 형제, 내 학생들, 우리 학교 선생님, 나와 같이 일하는 동료들을 칭찬해야 하는데, 저는 그 소중한 것을 늘 놓치고 살았습니다.

그 소중한 이들을 칭찬하는 것은 누구를 위한 일일까요? 그 것은 바로 나를 위한 것이라는 진리를 많은 것을 잃고 나서야 깨달았으니, 저는 얼마나 어리석은 사람인지요?

놀이터에서 순식간에
사라진 아이들

저는 학교에서는 어떤 선생님이었을까요? 우리 반 아이들은 다른 반 아이들보다 공부, 숙제, 일기, 발표, 청소, 수업 태도 등등 많은 면에서 우수했습니다. 그만큼 SKSK, 즉 시키면 시키는 대로를 강조했기 때문에 우리 반은 군대와 같았습니다. 공부가 최우선인 선생님이었기에 다른 반보다 훨씬 숙제가 많았지만, 저의 철저한 검사와 확실한 후속 조치 때문에 숙제를 안 해 오는 학생들은 거의 없었습니다. 그리고 학교에 와서 해야 할 일이 많았기에 아침 등교 시간도 다른 반에 비해 빨랐지만, 지각하는 학생도 거의 없었습니다. 시험을 보면 늘 다른 반보다 성적이 우수했습니다. 저는 각종 수업 대회와 연구 대회에서도 거의 1등을 했기 때문에, 학교의 주요 연구 사업, 공개 수업은 해마다 제 전공 분야가 되었습니다. 제 수업을 보신 분들은 입이 마르도록 칭찬했습니다. 제 수업이 동영상으로 제작되어 언론을 통해 공개되기도 했습니다.

우리 반 학생들이 경시대회 시험을 보고 나면 이런 말을 했습니다.

"선생님, 우리 반이 1등이에요. 다른 반은 5명 정도 상을 받는데, 우리 반은 13명이나 받아요."

아이들이 기분이 좋아져서 이야기하면 저는 인상을 쓰며 "야, 그 시험지 강남 아이들 갖다줘 봐. 그 정도는 다 100점 맞아. 뭘 잘했다고. 입 다물어. 빨리 들어가 공부 못 해!"라며 아이들에게 면박을 주었습니다.

많은 선생님이 우리 반 아이들을 칭찬했습니다. 어쩜 수업 태도도 그렇게 바르고, 발표도 잘하고, 조용하냐고. 그런데 저는 교단에 서서 아이들을 쳐다보면 마음에 드는 아이가 단 한 명도 없었습니다.

'아니 쟤는 왜 저렇게 머리를 풀어헤치고 다녀, 단정하게 묶지 않고? 쟤는 신발을 왜 구겨 신고 다녀, 똑바로 안 신고? 쟤는 왜 글씨가 저 모양이야? 쟤는 발표하는 목소리가 왜 저렇게 기어들어가? 쟤는 왜 저렇게 먹는 것만 좋아해? 가방은 왜 여기저기 굴러다녀? 책상은 왜 지저분하고, 사물함은 왜 저렇게 엉망이지? 공부는 잘하는데 인간성이 왜 그렇게 못됐어?' 등등.

저는 무엇을 봤을까요? 학생들이 잘하는 것을 보지 않고, 못하는 것만 보고 있었던 것이지요. 그래서 늘 교단에 서서 지적을 일삼았습니다. 그러니 학생들이 학교 밖에서 저를 만나면 어떻게 했을까요?

제가 퇴근하는 길에 놀이터가 하나 있었습니다. 아이들이 가방을 던져 놓고 무리 지어 놀다가 그중 한두 명이 저를 보면 이렇게 외칩니다. "야! 떴다!!!"

그러면 순식간에 아이들이 놀이터에서 사라집니다. 우리 반 아이들만 없어지는 것이 아니라 다른 반 아이들까지 사라집니다. 저는 괘씸한 생각이 들었습니다.

'어디 선생님을 보면 인사를 해야지, 도망을 가! 아니 내가 얼마나 열심히 저희들을 가르치는데 말이야.'

다음 날 출근하면 어제 도망간 괘씸한 학생들을 아침부터 손가락질하며 부릅니다.

"너, 너, 너, 너 나와."

아이들은 겁에 질려 나옵니다.

"너 어제 놀이터에서 선생님 봤지? 선생님을 보면 인사를 해야지 왜 도망을 가? 너 어제 선생님 봤어, 안 봤어?"

공포의 목소리로 다그치면 아이들이 뭐라고 대답했을까요?

"저는 못 봤는데요."

"저 그 놀이터 가 본 지 오래됐는데요."

"저는 이사 갔어요."

변명들이 쏟아집니다.

그러면 "어디 선생님 앞에서 거짓말을 해?"라며 A4 용지 한 장씩 나눠 줍니다. 왜 그랬을까요? 앞쪽에는 육하원칙에 의거해 어제 있었던 일을 시간대별로 쓰게 하고, 뒤쪽에는 반성문을 꽉 채우게 했습니다.

우리 반이나 우리 학교 아이들이 도망가는 것까지는 그나마 이해가 됩니다. 그런데 제가 골목길에서 우리 집 두 아이를 만난 겁니다. 어쩌다 있는 일이니 얼마나 반가웠을까요? 그래서 이름을 부르려고 하면 아이들은 벌써 숨어버린 후입니다. 가슴에 뭔가 싸~~한 바람이 불었습니다.

'뭐지? 쟤들이 왜 저러지?'

그나마 공부 잘하고 말을 잘 듣는 아이들이니 용서는 했으나, 가끔 집에 들어가면 물어봅니다.

"너 아까 골목에서 엄마 봤어, 안 봤어?"

그러면 두 아이는 "엄마는 저 봤어요? 저는 눈이 나빠서 잘 안 보였는데"라며 시치미를 떼곤 했습니다. 아이들이 왜 저를 보면 피하는지 그때는 이해가 되지 않았습니다.

저의 등급은 교사로서나 부모로서나 처절한 C등급 이하였습니다. 앞에서 말한 재미있는 등급 이야기에는 이렇게 저의 가슴 절절한 사연이 담겨 있습니다. 여러분은 지금 몇 등급이고, 그 등급은 언제까지 유지될까요? 저는 여러분이 S등급이며, 그 등급이 영원히 유지되길 바라는 마음으로 강의를 하고 글을 쓰고 있습니다.

세상에서
제일 어려운 일

　　　　　칭찬은 고래도 춤추게 한다는데, 그렇다면 칭찬은 언제 해야 할까요? 여러분은 언제 아이들을 칭찬하십니까? 잘할 때요? 저는 아무리 보아도 칭찬할 일이 없었습니다. 도무지 제 양과 기준에 차지 않았거든요.

　한글을 못 깨친다며 제가 엄청 구박했던 딸은 언어 영역에 약한 아이였다는 것을 나중에서야 알았습니다. 1~2학년이 지나 한글을 깨치게 되니 3학년 때부터는 공부를 잘하게 되었습니다. 저는 이렇게 공부 잘하고 말 잘 듣고 잘나가는 우리 집 아이들에게도 칭찬 한 번 제대로 안했습니다. 그러니 당연히 교사로서 우리 반 아이들을 보면 더 맘에 안 들었지요. 저는 집에서나 학교에서나 칭찬에 매우 인색했습니다.

　그랬던 제가 어느 날 큰 깨달음을 얻게 되었습니다. 두 아이들은 밤새 게임을 하고 아침에 일어나지도 않습니다. 아들과 딸이 양쪽 방에서 폐인이 되어 가고 있는데, 저는 남의 자식 가르치겠다고 아침에 일어나 꾸역꾸역 밥을 먹고 학교에 갑니다. 그날도 우리 반 아이들이 어찌나 떠드는지, 그렇지 않아도 우리 집 두 녀석 때문에 속이 시끄러운데 더 화가 났습니다. 그래서 제일 많이 떠드는 녀석을 찾아 야단을 치려고 교단에 서서 아이들을 째려보고 있는데, 갑자기 이런 생각이 들었습니다.

'어머, 쟤는 숙제를 안 해 오고도 저렇게 학교에 잘 오는구나. 쟤는 지각을 하고도 저렇게 뻔뻔하게 교실에 잘 들어오네. 쟤는 준비물 한 개도 없이 와서 이 무서운 선생님 밑에서 집에 안 가고 잘 버티고 있구나. 쟤는 싸워도 학교 와서 싸우네.'

여러분, 우리 아이들이 학교에 가기 싫은 이유가 얼마나 많을까요? 날이 좋아서, 날이 적당해서, 날이 더워서, 날이 추워서, 비가 와서, 눈이 많이 와서, 숙제를 안 해서, 시험을 보는 날이라, 싫어하는 수학 수업이 있어서, 짝꿍이 맘에 안 들어서, 우리 선생님이 나를 예뻐하지 않아서 등등의 이유가 있으련만, 아이들은 모든 이유를 이겨내고 학교에 있습니다.

저는 우리 집 아이들이 다시 학교로 돌아가기를 눈물로 기다렸습니다. 저 교복을 입고 저 가방을 들고 언제 학교로 돌아갈까 기다리고 또 기다렸건만, 두 아이들은 학교에 가지 않았습니다. 아이들이 학교 잘 다니고 제 말 잘 들어줄 때는 그것이 얼마나 칭찬받을 일인지, 얼마나 대단하고 기적 같은 일인지 깨닫지 못했습니다.

예전에 학교 근처에서 소위 날라리 여학생들을 본 적이 있습니다. 머리를 노랗게 물들이고, 교복 스커트는 엉덩이가 보일 정도로 아찔하게 짧고, 블라우스는 어찌나 줄였는지 단추가 뜯어질 지경이었습니다.

등교 시간이 훨씬 지나도 남학생들과 희희낙락거려서 정말 한심하다는 생각이 들었습니다.

'너희들은 어쩌다 이 모양이 되었니? 너희 부모님은 얼마나 속이 터지고 가슴이 답답하겠니?'

그런데 언제부터인가 그런 학생들이 그렇게 부러워 보일 수가 없었습니다. '너희들은 머리를 노랗게 물들이고도 학교를 가는구나. 엉덩이가 다 보이고 곧 뜯어질 것 같은 교복을 입고도 학교를 가는구나. 화장품이 든 그 책가방을 들고 생활 부장 선생님께 걸릴까 봐 조마조마하면서도 학교를 가는구나.'

그런 학생들이 학교에 가서 무엇을 할까요? 수업 시간에 엎드려 자는 아이들이 거의 반입니다. 그런데 그 아이들이 잠을 잘 때 얼마나 자세가 불편하고, 선생님 눈치가 보이겠습니까? 그래도 학교를 간다는 사실! 그것이 어찌나 부럽고 대단해 보였는지 모릅니다.

제가 우리 반 아이들에게 물었습니다.

"얘들아, 이 세상에서 가장 어려운 일이 무엇인지 아니?"

아이들은 선생님의 갑작스러운 질문에 다양한 답을 합니다.

"그래. 너희들이 말하는 것 다 어려운 일이지. 그런데 선생님이 생각할 때 그것보다 더 어려운 일이 있어. 그건 바로 학교 오는 일이야."

그러자 아이들은 한바탕 웃음을 터트립니다.

"그게 뭐가 어려워요? 그냥 오면 되지."

"아니, 그런 게 있어. 그런데 학교 오는 일보다 더 어려운 일이 있단다. 그게 뭔지 알아?"

"그게 뭔데요? 난센스 퀴즈예요?"

"그럴 수도 있지."

"맞히면 선물 줘요?"

"생각해 볼게."

이번에도 역시 아이들다운 재미있는 답들이 쏟아집니다.

"그래. 너희가 말한 답 다 맞아. 그런데 선생님이 생각하는 학교에 오는 일보다 더 어려운 일은 바로 '날마다' 학교에 오는 일이란다."

아이들은 책상을 치며 웃습니다. 그런데 갑자기 교실이 찬물을 끼얹은 듯 조용해집니다. 왜 그랬을까요? 제 눈에 저도 모르는 사이 눈물이 글썽글썽 맺히고 있었습니다. 금방이라도 쏟아질 것 같은 눈물을 아이들에게 들켜 버린 것입니다.

아이들은 선생님의 눈물을 보자 어쩔 줄을 모릅니다. 모두 자신들이 무엇인가 잘못한 것처럼 고개를 푹 숙이고 숨도 쉬지 않습니다. 눈치 빠른 한 아이가 얼른 화장지 한 장을 갖다 줍니다. 저는 그 화장지로 눈물을 훔치며 마음을 진정시켰습니다. 그리고 아이들에게 이렇게 말합니다.

"얘들아! 학교 오기 싫은 날이 얼마나 많았니? 그런데도 학교 오기 싫은 수많은 이유를 이겨내고 이렇게 학교에 잘 다니고 있는 너희들은 정말 대단한 아이들이란다. 선생님이 생각하기에 이 세상에서 가장 어려운 일을 너희들은 이렇게 잘하고 있지 않니? 그러니 앞으로 무엇을 못하겠니? 그 어떤 일도 너희들은 잘할 수 있을 거야. 나는 너희들 앞날이 정말 기대된단다."

갑자기 아이들이 함성을 지릅니다.

오늘부터 우리 아이들의 무엇을 칭찬하시렵니까? 공부를 잘하고 못하고, 상을 받고 못 받고, 회장을 하고 안 하고 그것이 중요한 것이 아니라 바로 학교에 잘 다녀주고 있다는 사실! 그 힘든 학교를 우리 아이들이 하루 이틀도 아니고 매년 195일 이상씩 다니고 있다는 사실을 알고 계십니까?

아이들이 학교에 다니는 것이 얼마나 감사하고 기적 같은 일인지는 언제 알 수 있을까요? 제 아이들처럼 학교 그만두고 집에서 게임하며 폐인 되어 가는 모습을 지켜보면 바로 알게 될 것입니다. 그런 일 한번 당해 보시렵니까?

아이들이 학교에 다녀 주는 것이 얼마나 대단한 일인지 경제적 가치로 따져 볼까요? 어느 해 자료를 보니 1년에 자퇴하는 학생의 수가 약 7만 명이었습니다. 그 많은 학생들이 어디로 갈까요? 돈 있는 집 아이들은 대안 학교를 갑니다. 대안 학교의 1년 소요 경비가 3000만~5000만 원입니다. 더 돈 있는 집에서는 해외 유학을 보냅니다. 1년에 교육비, 생활비 등을 합하면 무려 1억~1억 5000만 원이 든다고 합니다.

결국 우리 아이들이 학교에 잘 다니면, 1년에 1억에서 1억 5000만 원의 소득을 창출하여 그 돈을 통장에 또박또박 넣어 주는 것과 같다고 할 수 있습니다. 국내에서 공부하여 외화가 반출될 일도 없으니, 이 아이들이 바로 진정한 애국자가 아니겠습니까?

그러니 우리 아이들이 학교에 다니는 것은 대단한 일입니다. 흔히 무서운 사고를 당해 식물인간이 되어 병상에 몇 년을 누워 있다가 어느 날 손가락 하나 움직이면 그것을 기적이라고 합니다. 왜 날마다 잘 움직이고 잘 먹고 잘 놀며 이렇게 학교에 잘 다니는 것은 기적이 아니고, 꼭 죽을 지경까지 되었다가 깨어나야 기적이라고 하는 어리석음을 범하고 있을까요?

오늘도 학교와 직장 잘 다녀와 내가 해 주는 밥을 먹고, 나와 같은 공간에서 숨을 쉬고, 나와 함께할 수 있는 우리 아이들과 가족이 기적입니다. 가족이 있기에 나의 존재가 빛이 나는 것입니다. 이제는 아침에 눈만 뜨면 입에서 칭찬이 줄줄 나와야 합니다.

"오늘도 학교 잘 다녀왔구나. 다치지 않고, 나쁜 일 하지 않고, 이렇게 무사히 돌아와 주니 정말 고맙다. 오늘도 살아 있으니 감사하다. 내 아들로 내 딸로 태어나 줘서 감사하다."

칭찬이
쑥스러운 이유

아무리 강조해도 지나치지 않는 칭찬하기가 우리나라에서는 참으로 쉽지 않습니다. 우리 사회에는 칭찬 문화가 조성되어 있지 않습니다. 우리는 칭찬을 하는 것도, 받는 것도 익숙하지 않습니다. 누가 칭찬을 하면 우리는 이렇게 말합니다.

"어머, 옷이 정말 잘 어울리세요."

"아니에요, 이거 싸구려예요."

그래서 우리나라 사람들이 입은 옷 대부분은 싸구려가 됩니다.

"머리하셨나 봐요? 커트가 정말 잘 어울리시네요."

"아니에요, 동네 변두리에서 했어요."

그래서 우리나라 모든 미용실과 이발소는 변두리에만 있는 것 같습니다.

"그 집 아이들은 어쩜 그렇게 인사를 잘해요" 하면 "인사만 잘하면 뭐해요. 공부를 잘해야지" 하고, "그 집 남편은 정말 자상하고 좋으시더라고요" 하면 "그럼 일주일만 같이 살아 보세요" 해서 칭찬한 사람들을 멋쩍게 만듭니다. 이렇게 말해야 겸손하다고 착각합니다. 그리고 칭찬을 하면 당사자가 자만할까 봐 잘 하지 않습니다. 저도 그랬습니다. 나중에 우리 두 아이가 그러더군요.

"엄마는 우리 칭찬을 한 번도 한 적이 없을 뿐만 아니라 누군가 우리 칭찬을 해 주면 늘 아니라고 하셨어요. 그리고 거기에 꼭 험담을 붙이셨어요. 우리가 한창 엄마 속을 썩일 때, 이웃집 아주머니나 엄마 아는 분들이 우리의 단점을 너무 잘 알고 계셔서 마주하는 것도 싫었고, 인사할 마음이 생기지 않더라고요."

여러분, 절대로 다른 사람에게 우리 집 아이들, 우리 가족, 나에게 소중한 사람들을 흉보지 마세요.

우리가 남 흉은 잘 보면서 칭찬을 잘 못하는 이유는 어디 있을까요? 제가 미국에 가서 무척 억울한 경험이 있었습니다. 저는 중·고교 시절과 석·박사 과정 때 영어 공부를 그렇게 많이 했지만, 지금도 영어 한마디를 자유롭게 못합니다. 그런데 미국에 갔더니 세 살 먹은 아이도 영어를 그렇게 잘합니다. 그들은 왜 영어를 잘할까요? 그들이 우리보다 훨씬 똑똑하고 잘나서일까요? 그것은 영어가 그들의 생활이기 때문입니다.

마찬가지입니다. 우리가 인정, 존중, 지지, 칭찬을 못하는 것은 우리가 안 해 봤기 때문입니다. 칭찬하기도 영어 말하듯이 훈련이 필요한 일입니다. 앞으로는 누가 우리 집 아이를 칭찬해 주면 이렇게 말합시다. "감사합니다. 우리 아이 예쁘게 봐 주셔서 정말 감사합니다. 앞으로 더 잘 키우도록 하겠습니다"라고요.

그리고 나를 칭찬하면 이렇게 말합시다. "감사합니다." 한마디 더 해도 좋습니다. "제가 좀 그렇습니다." 그 말 한마디에 나의 자존감도 살리면서 웃게 되지 않을까요? 그런 다음 칭찬해 준 분의 장점을 찾아 말해 준다면 우리 문화도 칭찬하는 문화로 바뀌지 않을까요?

이스라엘 교육과 우리나라 교육의 아주 큰 차이점 중 하나가 '무엇에 중점을 두느냐'입니다. 이스라엘 사람들은 잘하는 것을 더 잘하게 하는 교육을 합니다. 이것을 '진로 교육'이라 합니다. 반면 우리나라 사람들은 못하는 것을 더 잘하게 만드는 데 많은 노력을 기울입니다. 이것을 '학습 교육'이라고 합니다. 잘하는 것에 초점을 맞추는 진로 교육보다 못하는 것에 초점을 맞추는 학습 교육에 더 많은 에너지를 쏟다 보면 나중에는 본인이 무엇을 잘하는지조차 잊어버리게 됩니다.

이스라엘 사람들이 우리나라 사람들에게 "너희는 참 이상하다. 신이 준 능력을 계발하기에도 바쁜 세상인데, 신도 주지 않은 능력을 인간이 계발하겠다고 돈 들이고 시간 들이고 아이 잡고 본인 불행하고 그런 짓을 왜 하는지 모르겠다"라고 말합니다.

딸아이는 나중에 보니 언어 영역에만 약한 아이였습니다. 수리 과학, 예술, 체육 과목에 모두 우수한 아이였는데, 언어 영역 하나 부족하다는 이유로 무지한 엄마에게 늘 원수 되는 말로 야단을 맞았습니다. 그러니 아이는 자존감이 전혀 없었고, 학교에 대한 흥미도 매우 떨어졌습니다.

딸아이는 초등 1~2학년 때 결석을 밥 먹듯이 했습니다. 받아쓰기 시험 보는 날, 국어 수업이 있는 날에는 머리가 아프다고, 배가 아프다고 등교를 하지 않았습니다. 너무 자주 아프다고 해서 우리나라 최고의 병원에서 각종 검사를 다 받게 했습니다. 그렇게 진단 받은 병명이 신경성 두통, 신경성 위염과 장염이었습니다.

그런 딸에게 "꾀병이잖아, 신경성이 뭐야. 학교 가기 싫으니 억지로 아픈 거지"라고 야단을 쳤고, 가끔은 튼튼한 엄마 장을 안 닮고 왜 안 튼튼한 아빠 장을 닮았느냐고 짜증을 내기도 했습니다.

위가 좋지 않았던 딸은 학교에 가면 잘 토했습니다. 그래서 1학년 때 우리 딸 별명은 '토귀신'이었습니다. 결석이 잦은 딸은 학교생활에 잘 적응하지 못했고, 친구 사귀는 것은 더욱 힘들어했습니다. 생계형 위장 전입으로 저와 같은 학교를 4년이나 다녔지만, 초등학교 내내 친한 친구 한 명을 제대로 사귀지 못했습니다.

친구가 없는 학교는 더 가기 싫겠지요? 그런 딸을 학교 안 간다고 야단을 쳤고, 친구들이 안 놀아 준다고 울면 "공부를 못하니 친구가 없지. 오빠는 공부 잘하니까 친구가 많잖아" 했습니다. 거기다 "친구들이 쉬는 시간에 안 놀아 주면 책 읽고 문제집 풀어"라고 했으니 이렇게 무식한 엄마가 어디 있습니까?

아들은 언어 영역에 강한 아이였습니다. 그래서 세 살부터 한글을 읽기 시작했고, 받아쓰기와 책 읽기를 좋아했던 것입니다. 그런 아들은 초등학교 시절 모범생으로 보여 여러 사람들에게 늘 칭찬을 받을 수 있었습니다. 하지만 수학에는 약했습니다. 저는 수학 때문에 늘 아들을 다그쳤습니다. 다른 과목에 비해 수학 성적이 나오지 않으니 수학에 더 올인하게 했고, 그래도 성적이 잘 나오지 않으니 늘 야단을 쳤습니다.

신은 공평합니다. 저는 신이 주지 않은 딸의 언어 능력, 아들의 수리 과학 능력을 키워 주기 위해 과외도 시키고 학원도 보내며 신이 주지 않은 능력을 키워 보겠다고 더 기를 썼습니다. 그러다 보니 딸이 시험지를 가지고 오면 돈 많이 들인 언어 영역을 먼저 보았고, 아들이 성적표 가지고 오면 학원을 보낸 수학을 제일 먼저 보았습니다. 딸에게는 돈 들였는데 왜 국어 성적이 이것 밖에 안 되느냐고, 아들에게는 왜 수학 성적이 이러냐며 늘 야단을 쳤습니다. 결국 저희 아이들은 자신이 무엇을 잘하는지 모르는 상태에서 우수한 성적을 내야 했으니 얼마나 스트레스를 받았을까요?

저는 아이가 못하는 것을 잘하라고 꾸중하는 교육이 아니라 잘하는 것을 찾아 칭찬해 줬어야 합니다. 그러면 자존감이 올라가 부족한 분야도 향상될 수 있다는 것을 모르고 있었던 것입니다.

"꿈이 없는데
어떻게 공부가 돼?"

동기 부여를 위한 두 번째 요소는 목표입니다. 이것이 바로 이스라엘 사람들이 강조하는 '진로 교육'입니다. 아이가 무엇을 잘하는지 알기 위해서는 항상 아이 스스로 무엇인가를 선택할 수 있는 환경을 조성해 줘야 합니다. 그런데 저는 진로 교육을 어떻게 시켰을까요?

어느 날 학교를 다녀온 딸이 이렇게 물었습니다.

"엄마, 나는 앞으로 뭘 해야 할까?"

"예전부터 선생님 하라고 했잖아. 초등학교 선생님이 여자에게는 딱이야."

제가 워낙 강하게 말하니 아이는 아무 말도 못 하고 나갑니다. 얼마 후 딸이 또 묻습니다. "엄마, 나는 학교 졸업하고 뭘 해야 하지?"

"그 쓸데없는 소리 왜 자꾸 하는 거니? 초등학교 선생님 하라고 했잖아. 딴 생각 하지 말고 얼른 들어가 공부나 해."

며칠 후에도 아이가 와서 똑같은 질문을 합니다. 저 역시 똑같은 대답을 했는데, 딸이 갑자기 소리를 버럭버럭 지릅니다.

"그건 엄마 꿈이지 내 꿈이 아니잖아. 나는 남 앞에 서는 것도 싫고, 초등학교 애들도 싫은데, 어떻게 초등학교 교사를 해?"

"너 교대 갈 성적 안 되니까 그러는 거지? 잔소리 말고 얼른 들어가서 공부나 해."

그러자 우리 딸은 저에게 이렇게 묻습니다.

"엄마는 어렸을 적 꿈이 뭐였어?"

"꿈? 그런 사치스러운 것 없었어. 돈이 없어 대학을 가느냐 못 가느냐 하는 처지에 꿈이 어디 있어. 일단 대학에 가야 한다는 생각밖에 없었고, 그래서 공부 열심히 했어. 그러니까 지금 이렇게 살고 있잖아. 공부 잘하면 할 일이 많아."

그 말에 딸은 이렇게 말했습니다 .

"엄마는 참 이상하다. 어떻게 꿈이 없는데 공부가 돼? 나는 왜 공부를 해야 하는지 모르겠어. 목표가 없는데 어떻게 공부를 해?"

그리고 딸은 얼마 못 가 학교를 그만두었습니다.

여러분! 제가 똑똑한 걸까요, 제 딸이 똑똑한 걸까요?

목표가 없고 이유를 모르는데 공부하는 게 무슨 소용일까요? 목표를 세우고, 해야 할 이유가 생기면 행동으로 이어집니다.

돈과 시간,
심지어 부모 자식 사이까지 망치는 일

자존감이 떨어진 상태에서 왜 하는지도 모르는 공부를 억지로 하다 보니, 많은 아이들이 부모님이나 선생님과 갈등을 빚다가 급기야 가출을 하거나 학교를 떠납니다. 우리 집 딸도 어느 날 집을 나갔습니다. 집에서 게임만 하고 있는 모습을 보고 있자니 너무 답답하고 화가 나 "제발 좀 집을 나가라, 나가"라고 소리쳤더니 어느 날 정말 없어졌습니다.

늦은 시간까지 집에 들어오지도 않고, 전화를 받지도 않으니 처음에는 "들어오기만 해 봐라. 이걸 가만 안 둔다"라고 씩씩거렸습니다. 그런데 밤 12시가 넘어도 들어오질 않습니다. 이젠 아예 휴대 전화까지 꺼져 있습니다. 슬슬 화가 걱정으로 변하더니 별별 나쁜 생각이 다 들었습니다. 온 동네를 돌아다니고, 아이가 갈 만한 곳에는 모두 전화를 해 봤지만 아무 소득이 없었습니다.

밤은 깊어가는데 정신이 혼미해지기 시작했습니다. 우리 딸과 조금이라도 비슷해 보이는 사람을 보면 이름을 부르며 쫓아갔습니다. 미친 여자처럼 밤거리를 헤매며 딸을 찾다가 새벽에 파출소까지 갔습니다. 울며불며 아이의 휴대 전화 위치를 추적할 수 없느냐고 했더니, 경찰은 야속하게도 "범죄자가 아니기 때문에 불가능하다"고 말합니다.

제정신이 아닌 상태로 뜬눈으로 밤을 지새우고 다음 날 이동 통신 회사에 찾아가 위치 조회를 했습니다. 다행히 딸은 우리 동네에 있는 것으로 나왔습니다. 하지만 살았는지 죽었는지 몰라서 전전긍긍할 수밖에 없었습니다. 이제나저제나 하고 있는데, 딸은 아무 일도 없었다는 듯이 집으로 돌아왔습니다.

"어디 갔다 왔어!"라고 다그치는 저의 말에 딸은 "나가라 했잖아. 나가라 해서 나갔는데 뭐가 잘못되었어?"라는 말만 하고는 자기 방으로 들어가 버렸습니다. 할 말이 없었습니다.

여러분, 농담으로라도 절대로 아이들에게 집 나가라고 하지 마세요. 그리고 오늘도 집 안 나가고 잘 버텨 주는 우리 아이들에게 고마워하시길 바랍니다.

아이가 가출을 해도 살아만 있으면 감사해야 하는 경우도 있습니다. 최근 들어 자살을 선택하는 아이들이 많기 때문입니다. '학원 뺑뺑이'에 시달리다 자살을 선택한 초등학교 6학년 학생은 집에서 키우는 열대어를 보며 "너희는 참 좋겠다. 학교도 안 가고 학원도 안 가고 매일 놀 수 있으니 참 좋겠다"라고 늘 되뇌었다고 합니다. 이 학생이 유서 마지막에 쓴 말도 '나도 자유롭게 훨훨 날고 싶다'였답니다. 참으로 마음 아픈 이야기입니다.

중학교 이상에서는 성적 때문에 죽는 아이들이 많습니다. 자사고 전교 1등을 독차지하던 한 학생은 '제 머리가 심장을 갉아먹는데 이제 더는 못 버티겠어요. 안녕히 계세요. 죄송해요'라는 문자를 부모님께 보내고 세상을 떠났습니다.

우리나라는 OECD 국가 중 행복 지수는 꼴찌, 자살률은 1위를 기록하고 있습니다. 오죽하면 '자살 공화국'이라는 오명까지 갖고 있을까요. 그런데 아이들은 왜 자살까지 이르게 될까요? 어린 시절부터 스스로 생각하고 스스로 원하는 일을 선택하여 스스로 행동으로 옮길 수 있는 자기 주도성을 키울 기회가 없었기 때문입니다.

저 역시 단 한 번도 아이들에게 무엇을 배우고 싶은지 물어본 적이 없었습니다.

저는 두 아이들에게 다섯 살 때부터 피아노를 가르쳤습니다. 저는 어릴 때 피아노를 배우지 못한 채로 교대에 진학했습니다. 1학년 때 본 피아노 시험 성적은 D학점이었습니다. 열심히 연습을 했지만 제 인생 최악의 성적을 받은 것이 한이 되어서 내 자식만은 피아노를 자유자재로 칠 수 있도록 해 주어야겠다는 생각이 들었던 것입니다. 아이들이 피아노 학원에 가기 싫다고 하면 "잔소리 말고 초등학교 졸업할 때까지 쳐"라고 단호하게 야단을 치곤 했습니다. 저의 강압에 아이들은 초등학교 졸업하는 해의 2월 말까지 피아노를 배웠습니다.

하지만 그날 이후 아이들은 피아노 앞에 절대로 앉지 않습니다. 왜 그럴까요? 동기가 없었기 때문입니다. 피아노뿐만이 아닙니다. 제가 아이들에게 억지로 가르쳤던 플루트, 발레, 미술 등등. 시간이 제법 흐른 지금, 아이들은 그중에서 하나도 제대로 못 합니다. 지금 자녀가 다니는 학원에 아이가 정말 원해서 다니는 것인지, 아니면 마지못해 다니는 것인지 물어보시기 바랍니다. 만약 부모님에게 혼나지 않으려고, 죽지 않으려고 다니는 거라면, 돈 버리고 시간 버리고 심지어 부모와의 관계까지 버리고 결국뇌 상태도 망가지게 되는 무서운 결과를 낳게 된다는 사실을 기억하십시오.

3부

절망의 끝에서
코칭을 만나다

마차와
기차의 차이점

제가 처음 코칭을 공부한 곳은 김경섭, 김영순 박사가 경영하는 한국코칭센터였습니다. 이 장에서 이야기하는 것들은 그곳에서 공부한 내용들입니다.

스포츠 팀에는 감독 밑에 '코치(coach)' 또는 '트레이너(trainer)'라는 지도자가 있습니다. 그런데 코치와 트레이너는 전혀 다른 개념입니다. 코치라는 단어는 네 바퀴 달린 역마차(stagecoach)에서 유래했고, 트레이너의 어원은 기차(train)입니다.

흔히 코칭을 설명할 때 마차와 기차를 비교합니다. 마차와 기차의 다른 점은 무엇일까요? 여러 가지가 있지만, 기차는 정해진 목적지를 정해진 길로 갑니다. 반면, 마차는 승객이 목적지를 정하고 가는 길도 승객이 원하는 대로 정합니다. 다만 승객이 길을 잘 모를 때는 마부가 승객을 도와 목적지까지 데려다주게 됩니다.

그동안 우리 부모들이 아이를 키운 방법은 기차에 비유할 수 있습니다. 목적지를 정해 두고 부모가 원하는 방법으로 데리고 가려고 했지요. 하지만 아이의 잠재 능력을 최대한 키워 주려면 부모는 마차를 모는 코치 역할을 해야 합니다.

코칭과 비슷하지만 개념이 조금 다른 컨설팅, 카운슬링도 있습니다. 코칭과 컨설팅은 뚜렷한 차이점이 있습니다. 코칭은 답을 찾도록 도와주는 것이기 때문에 코치 스스로 '자아(ego)'를 가지고 있으면 안 됩니다. 이것은 코치가 어떤 해결책이나 답을 가지고 있으면 안 된다는 말입니다. 사람들은 어떤 일에 대한 자신의 경험과 선입견으로 자기 나름의 답이 있습니다. 그런데 그 답은 자기 자신에게만 해당하는 것이지, 대화 상대에게는 맞지 않을 수도 있습니다.

자녀와 대화가 잘 안 되는 이유는 무엇일까요? 바로 부모님들의 ego 때문입니다. 가까운 사람일수록 잘 알고 있다고 생각해서 더 많은 ego가 작동되어 상대방에게서 자신이 원하는 답이 나오기를 바랍니다. 질문을 하더라도 그 답이 나오길 바라는 마음으로 합니다. 이러한 유도 질문은 상대방의 마음을 닫게 만드는 행위이므로 깊은 대화를 이끌어 낼 수 없습니다.

코칭은 스스로 답을 찾도록 지지해 주는 것이기 때문에 who와 how에 초점을 맞춥니다. 자신이 누구이며 얼마나 대단한 사람인가? 또한 어떤 좋은 자원을 가지고 있는지 스스로 깨닫게 하여 문제를 어떻게 풀어나갈지에 초점을 맞추고 있습니다.

반면 컨설팅은 해결책을 제시하는 것이 목적입니다. 컨설턴트가 전문적이고 정확한 답, 즉 ego를 가지고 있어야 합니다. 컨설턴트는 전문 지식과 정보로 특정 문제를 분석하고, 그 문제에 대해 가장 효과적이고 효율적인 조언과 답을 제공해야 합니다. 컨설팅에서는 what을, 어떻게 해결하는지가 핵심입니다.

코칭과 카운슬링은 다른 개념에 비해 유사한 특징이 더 많이 있습니다. 코칭은 대화 상대가 문제 있다고 생각하지 않습니다. 사람마다 각자의 특징과 개성이 있기 때문에 '잘못되었다'는 전제를 두지 않습니다. 현 상태도 괜찮지만 조금만 지지해 주면 잠재 능력을 계발하여 서로 행복해질 수 있다는 확신을 바탕으로 함께합니다. 그래서 코칭은 미래에 초점을 맞추고, 지지(support) 개념을 바탕으로 합니다.

반면 카운슬링, 즉 상담은 대화의 상대에게 지금 뭔가 문제가 있다는 전제로 시작합니다. 그리고 그 문제의 원인을 찾아 해결하기 위해 과거에 집중합니다. '치료'의 개념인 것이지요. 따라서 카운슬링은 4년제 대학에서 심리학과 상담을 전공한 후에 각종 자격증을 취득해야 자격을 얻습니다. 반면 코칭은 20시간의 연수를 받고 50시간의 실습을 거쳐 코치 입문 자격(KAC)을 취득한 후 꾸준한 노력이 있다면 누구나 할 수 있습니다.

그렇다고 코칭이 만병통치약은 아닙니다. 코칭을 하다 보면 상담이나 컨설팅이 필요하다고 판단될 때가 있는데, 그때는 관련 분야를 권해 주거나 전문가에게 연결해 주기도 합니다.

Yes Case 대화,
No Case 대화

　　이스라엘 부모들이 아이들에게 가장 많이 하는 말은 뭘까요? 바로 '마타호쉐프'라고 합니다. 무슨 뜻일까요? '네 생각은 뭐야?', '너는 어떻게 생각해?'라고 합니다. 이런 질문을 늘 생활 속에서 듣고 자란 아이들은 어떨까요? 스스로 생각하고 행동하는 것이 몸에 배지 않을까요?

　　이스라엘 교육이 '코칭'이라면 우리나라 교육은 '티칭(teaching)'이라고 할 수 있습니다. 티칭은 지시, 명령, 충고를 사용해 가르치는 것이고, 코칭은 질문을 통해서 아이가 스스로 문제점을 발견하고 해결법을 찾도록 도와주는 것입니다. 티칭이 집어넣어 주는 것이라면 코칭은 끌어내 주는 것입니다.

　　지시, 명령을 받은 아이들은 생각을 할 필요가 없습니다. 시키면 시키는 대로 하기 때문에 결과에 대한 책임도 시킨 사람에게 넘길 수 있습니다. 하지만 질문을 통해 스스로 생각하게 되면 자신의 선택에 대한 책임을 질 수 있습니다.

티칭의 장점은 빠르다는 것입니다. 이것으로 밥을 먹던 시절이 있었습니다. 산업 시대에는 스승이 가르쳐 주는 방법을 그대로 흉내 내는 도제 제도가 주목 받았습니다. 스승과 똑같은 제품을 만들어 내면 훌륭하다고 극찬을 받았습니다. 하지만 요즘 시대에는 남과 똑같은 제품을 만들어 내면 저작권법에 걸릴 뿐 아니라 똑같은 물건이 쌓여 부도가 나고 맙니다. 아이에게 티칭으로 주입해 봤자 잘 커야 부모님, 선생님 정도밖에 되지 않습니다. 아이들이 지니고 있는 어마어마한 잠재 능력을 끄집어내려면 반드시 코칭을 해야 합니다. 다음 대화를 살펴보면 코칭에 대하여 이해가 더 쉬울 것입니다.

No Case 대화

아이: 엄마, 저 여쭤볼 게 있는데요.

엄마: 뭔데?

아이: 저는 1학년 때부터 제 전공이 싫었는데 인문계로 전학 가면 따라가기 힘들 것 같아서 그냥 다니고 있었거든요. 그런데 2학년 되니까 실습 시간이 더 많아져서 미치겠어요.

엄마: 뭘 좀 열심히 해야 그 분야가 재미있는지 없는지 알 수 있는 거야. 재미만으로 전공을 선택하는 건 아니야. 대책도 없잖아.

아이: 저는 유치원 선생님이 되고 싶어요.

엄마: 그럼 지금 공부 열심히 하고, 나중에 대학을 유아교육과로 가면 되겠네.

아이: 아, 그런데요……, 이 전공이 너무 싫어요. 실습 시간만 되면 쳐다보기도 싫고요, 실습 있는 날은 학교 가기도 싫어요.

엄마: 그래도 어떻게 해. 이제는 전학도 못 가고, 그렇다고 학교 그만두고 검정고시 칠 수도 없고. 좀 참고 학교 다니다가 대학 가야지~! 안 그래?

아이: 아……, 지금 전공을 바꿀 수는 없죠?

엄마: 그럼. 전공 바꾸는 게 쉬운 줄 아니?

아이: 차라리 미술 쪽으로 바꾸면 유치원 선생님 하는 데 도움이라도 될 텐데…….

엄마: 다른 전문계 학교로는 전학도 안 되잖아.

아이: 그럼, 이렇게 그냥 다닐 수밖에 없는 거예요?

엄마: 그렇지, 뭐. 아니면 검정고시 치든가…….

아이: 아, 그건 좀…….

엄마: 그러니까 참고 다녀 봐. 열심히 하다 보면 전공이 좋아지게 될지 누가 알아? 뭐든 열심히 해야지.

아이: 네…….

Yes Case 대화

아이: 엄마, 저 여쭤볼 게 있는데요.

엄마: 응, 솔아야. 뭘 도와줄까?

아이: 저는 1학년 때부터 제 전공이 싫었는데 인문계로 전학 가면 따라가기 힘들 것 같아 그냥 다니고 있었거든요. 그런데 2학년 되니까 실습 시간이 더 많아져서 미치겠어요.

엄마: 전공이 그렇게 싫었구나. 그럼 네가 하고 싶은 일은 뭐야?

아이: 유치원 선생님이 되고 싶어요. 아이들을 좋아하거든요.

엄마: 그래, 네 성격이 밝아서 잘 어울릴 것 같다. 그러면 진학을 그쪽으로 하려고?

아이: 네. 그런데요, 저는 제 전공이 너무 싫어요. 실습 있는 날은 학교 가기도 싫어요.

엄마: 응, 그렇구나. 너희 과 선배들은 그런 고민을 어떻게 해결하는 것 같아?

아이: 그냥 대충 학교 다니다가 대학 가는 것 같아요.

엄마: 그러면 혹시 지금 네 전공 내용 중에 유치원 선생님이 되는 데 도움이 되는 요소가 있을까?

아이: 지금 전공이요? 글쎄요……, 제가 사진 전공이니까 아이들 평소 생활하는 모습이나 행사 사진을 직접 찍어 줄 수 있을 것 같아요. 환경 미화에도 이용할 수 있을 것 같고, 유치원 홈페이지에도 올려 줄 수 있겠죠.

엄마: 그래, 그거 너무 좋은 아이디어다. 다른 방법은 뭐가 있을까?

아이: 다른 방법이요? 3학년 때 동영상을 배우면 그것도 제가 할 수 있을지 모르겠네요.

엄마: 와, 그것도 정말 괜찮겠다. 혹시 너희 과 선배 중에 비슷한 진로를 선택한 사람이 있니?

아이: 저는 잘 모르는데, 담임 선생님한테 여쭤보면 알 수 있을지도 몰라요.

엄마: 그러면 선생님하고 얘기를 나눠 본 후에 다시 얘기해 볼까?

아이: 네, 엄마. 그러면 되겠네요.

같은 고민을 하는 아이지만 엄마가 어떻게 대화를 이끌어 가느냐에 따라 그 결과가 확연히 다르다는 것을 우리는 알 수 있습니다. 이처럼 No Case 대화를 하면 서로에게 성장은 없고 상처만 남습니다. 하지만 Yes Case 대화를 하면 아이는 스스로 해답을 찾아 나가게 됩니다.

Yes Case 대화는 서로를 성장하게 합니다. 부모와 교사도 아이를 도와줄 방법을 찾으려 노력하니까 성장하고, 아이 스스로도 문제를 해결할 방법을 찾으니 성장하게 됩니다.

보통 어른과 아이의 대화는 8 : 2입니다. 어른이 80퍼센트 비중으로 말을 한다면 아이가 20퍼센트 말을 하는 것이지요. 그런데 우리 집 대화는 제가 99퍼센트 이야기하면 아이는 1퍼센트, 즉 '네', '아니요' 대답만 해야 했습니다.

Yes Case 대화를 하게 되면 어른과 아이의 대화가 기본적으로 5 : 5는 됩니다. 물론 더 이상적인 대화는 아이가 더 많은 비중으로 이야기하는 2 : 8인 대화겠지요. 우리가 가야 할 방향입니다.

아이에게는 결정적 시기가 아니라 민감한 시기가 있을 뿐

병아리의 부화 기간은 21일쯤 된다고 하는데 어미닭이 자나 깨나 알을 품은 지 18일쯤 지나면 알 속의 병아리가 세상 밖으로 나오려고 반응을 보이기 시작합니다.

병아리가 세상으로 나오는 마지막 관문, 즉 단단한 알껍데기를 뚫고 나오는 행위는 무척이나 힘이 듭니다. 알은 단단한데 부리는 연약하기 때문이죠. 자기 나름대로 공략 부위를 정해 부리로 쪼지만 힘에 부칩니다. 이때 밖에서 알을 세심하게 관찰하고 있던 어미닭이 바로 그 부위를 쪼아 줍니다. 알 속에서 사투를 벌이던 병아리는 이에 힘입어 비로소 세상으로 나옵니다.

병아리가 껍데기를 쪼는 것은 '줄'이라고 하고, 어미닭이 알을 쪼는 것을 '탁'이라고 합니다. 두 가지가 동시에 이루어져야 부화가 가능하다고 하여 '줄탁동시(啐啄同時)'라는 말이 있습니다. '줄

탁'의 행위는 대단히 미묘한 것이어서 '줄'과 '탁'이 조금이라도 어긋나면 생명은 부화되지 못합니다.

우리 아이들도 부모 품 안에서 알과 같은 존재로 자라다가 그 품 안에서 벗어나 더 크고 넓은 새로운 세상으로 나가기 위한 신호들을 보냅니다. "엄마, 저 힘들어요. 선생님, 저 힘들어요. 저 좀 도와주세요." 그 신호를 듣고 아이들이 필요로 하는 것을 도와줘야 합니다. 하지만 어른들은 그 신호를 제대로 듣지 못하고, 설령 들었다 하더라도 아이들이 두드린 그 부분이 아니라 자신들이 생각하는 부분을 쪼아 주려고 애를 씁니다. 그러다가 빨리 나오지 않는다고 알 자체에 손상을 입히는 경우도 있습니다.

우리 집 두 아이가 "엄마, 이제 저 엄마 품에서 나갈 때가 되었어요. 이곳에선 답답해서 더는 살 수 없어요. 이렇게 살다가는 죽을 것 같아요"라고 수없이 껍데기를 두드리는 '줄'을 했습니다. 그러나 저는 제대로 된 '탁'을 해 주지 못했습니다. 그래서 우리 아이들이 힘든 청소년기를 보내게 된 것이지요.

요즘 많은 부모가 조기 교육에 열성을 다하고 있습니다. 아이는 전혀 준비가 되지 않았는데, 부모들이 알을 깨려는 어리석은 일을 하고 있는 것이지요. 아동 심리학자들은 아이들에게는 결정적 시기가 존재하는 것이 아니라 민감한 시기가 존재한다고 합니다. 많은 부모들이 그 시기를 놓치면 안 될 것 같은 결정적 시기가 있다고 생각하여 불안한 마음으로 준비가 덜 된 아이를 이리저리 끌고 다니며 계란 프라이를 만들고 있는 것이지요.

아이들에게 민감기란 유난히 어떤 행동에 몰입을 하는 시기입니다. 저희 아들도 성장 과정 중에 유난히 레고에 관심을 보였던 적이 있습니다. 남편의 아들 사랑 방법 중 하나가 레고를 사다 주는 것이었습니다. 꽤 비싼 레고들이 커다란 통에 넘치도록 많았습니다. 그 많은 레고 블록을 쏟아 놓고 놀이를 시작하면 아이는 밥도 잘 먹지 않고 불러도 대답도 하지 않고 무엇인가를 끊임없이 만들었습니다.

몰입의 중요성과 민감기에 대한 상식이 없었던 저는 식사도 제대로 하지 않은 채 거실 가득 블록을 늘어놓고 놀이에만 열중하는 아들이 마음에 들지 않았습니다. 비싼 돈을 들여 아들에게 레고를 사다 주는 남편도 마음에 들지 않았습니다. 아이는 레고 대신 제가 전집으로 사다 놓은 책들을 읽어야 하는데 말입니다 .

그래서 아이가 레고에 빠져 있으면 빨리 끝내라고 야단을 치곤 했습니다. 몇 시까지만 하라고 시간을 정해 주고 옆에서 자꾸 다그쳤으니 아이가 얼마나 불안하고 힘들었을까요?

딸은 유난히 만화책을 좋아했습니다. 그런데 제 생각에는 만화보다는 줄글을 읽어야 할 것 같았습니다. 그래서 딸이 만화책을 보고 있으면 야단을 치곤 했습니다. 나중에 알고 보니 딸아이는 사물을 먼저 그림으로 받아들이는, 공간 개념이 뛰어난 아이였습니다. 아이는 엄마에게 받은 스트레스를 만화로 풀면서 나름대로 살아가는 지혜를 얻었습니다.

늘 만화만 보는 딸이 못마땅했던 저는 어느 날, 아이 방을 뒤졌습니다. 10여 권의 만화책이 침대 밑에서, 옷과 옷 사이에서 나오는 것이었습니다. 화가 난 저는 씩씩거리며 아이가 집으로 오기만을 기다렸습니다.

딸은 책상 위에 쌓여 있는 만화책을 보고 깜짝 놀라며 겁에 질렸습니다. 보자기에 만화책들을 싸라고 했습니다. 그리고 아이를 데리고 만화 가게로 갔습니다. 제가 워낙 무섭게 화를 내니까 아이는 아무 소리도 못 하고 앞장을 섰습니다. 가게에 들어서자마자 저는 계산대 위에 그 책보자기를 올려놓고는 "이 아이가 우리 딸인데 앞으로 만화책을 빌려주면 돌려받지 못할 수도 있다"며 협박 아닌 협박을 했습니다. 주인은 '무슨 이런 여자가 다 있어?' 하는 표정으로 저를 쳐다봤습니다.

그렇다면 그날 이후 우리 아이가 만화책을 보지 않았을까요? 더 먼 가게에서 빌려 와서는 더 교묘한 방법으로 감추며 읽었으니 제대로 공부가 되었겠습니까? 차라리 그때 "우리 딸은 만화책을 참 좋아하는구나. 요즘 무슨 만화가 재미있어? 내용은 어떤 거야? 너는 만화책을 보면 어떤 생각이 들어?"라고 질문하면서 대화했더라면 지금쯤 제 딸이 그 분야의 실력자가 되어 있을지도 모르는 일 아니겠습니까? 부모가 생각하는 결정적 시기가 아니라 아이가 원하는 민감한 시기에 초점을 맞춰 부모가 줄탁동시의 역할을 해 줄 수 있으면, 아이의 잠재력을 깨울 수 있을 것입니다. 이러한 코칭은 결국 자녀를 스스로 행복한 삶으로 이끌어 주는 일입니다.

모든 사람은 해답을
내부에 가지고 있다

코칭을 표현하는 말은 여러 가지가 있지만, 저는 '코칭은 마중물'이라는 표현을 가장 좋아합니다. 저 어린 시절에는 동네 곳곳에 펌프가 있었습니다. 바짝 말라 나오지 않을 것 같은 펌프에 물을 부으면서 펌프질을 계속하면 엄청난 양의 물이 끌려옵니다.

코칭은 이렇게 우리 아이들에게 마중물의 역할을 합니다. 그런데 그 마중물은 아이들 안에 있는 저 밑바닥의 물을 끌어올릴 때까지 인내하며 부어 주어야 합니다. 내가 몇 바가지 물을 부어 주었는데도 물이 올라오지 않는다고 포기하면 엄청난 물은 절대 올라오지 않습니다. 하지만 포기하지 않고 인내하고 기다려 주면 아이들의 잠재된 엄청난 능력을 끌어낼 수 있습니다.

일본의 코칭 대가인 에노모토 히데타케는 『마법의 코칭』이라는 책에서 코칭의 철학을 이렇게 표현했는데, 무척 마음에 와닿습니다.

- 모든 사람에게는 무한한 가능성이 있다.
- 그 사람에게 필요한 해답은 모두 그 사람 내부에 있다.
- 해답을 찾기 위해서는 파트너가 필요하다.

그는 모든 사람에게 무한한 가능성이 있다는 것을 강조합니다. 겉으로는 별 볼 일 없어 보이는 사람일지라도, 심지어 지금 문제라도 한 사람 한 사람에게는 무한한 가능성이 잠재되어 있다고 봅니다. 또한 그 사람에게 필요한 해답은 그 사람 내면에 있다고 봅니다. 우리는 개인적 문제나 어려움이 생기면 누군가에게 이야기를 합니다. 그러면 상대방은 답을 주기 위해 애씁니다. 그러나 상대가 아무리 좋은 조언을 늘어놓아도 그 답들이 썩 마음에 와닿지 않을 때가 많습니다. 반면에 어떤 말은 귀가 쫑긋해지고 마음에 와닿기도 합니다. 그것은 내 안에 있는 답과 그가 말한 답이 일치했기 때문입니다.

아이들이 부모가 아무리 좋은 이야기를 많이 해도 듣지 않는 이유는 무엇일까요? 정확한 답이 무엇인지는 모르지만, 그 답이 자신의 마음속에 있는 답과 일치하지 않기 때문입니다. 그러니까 부모로서 정보를 제공해 줄 수는 있어도 그것을 강요해서는 안 됩니다. 그것은 부모의 답이지 아이의 답이 아니기 때문입니다.

모든 사람은 자신의 문제에 대해 스스로 해답을 찾을 수 있습니다. 하지만 혼자 그 해답을 찾기란 힘듭니다. 그렇기 때문에 파트너가 필요합니다. 좋은 파트너를 만나면 본인 스스로 가지고 있는 답을 빨리 찾아 잠재된 무한한 가능성까지 발휘할 수 있습니다. 그러나 나쁜 파트너를 만나면 답을 찾기는커녕 자신 안에 있는 잠재력까지 잃고 맙니다.

코치는 해결책을 제시하거나 찾아 주면서 상대를 끌고 가는 리더가 아니라, 본인 스스로 해답을 찾을 수 있도록 단지 '도움'을 주는 존재입니다. 이러한 코칭의 철학을 괴테의 말로 잘 정리할 수 있습니다.

상대방을 현재의 모습 그대로 대하면
그 사람은 현재에 머물 것이다.
그러나 상대방을 잠재 능력대로 대해 주면
그는 그대로 성취할 것이다.

어떤 사람을 문제아로 보면 그 사람은 계속 문제아로 남을 것입니다. 하지만 앞으로 훌륭한 사람이 될 거라고 믿고 도와주면 훌륭한 사람이 된다는 것입니다.

이 말이 저에게는 엄청난 도움이 되었습니다. 두 아이가 자퇴하고 집에서 게임만 하고 있을 때 '저것들이 저렇게 게임만 하고 나중에 뭐가 되려고 저러는지 모르겠다'며 자식들을 원수처럼 여겼습니다. 그런데 제가 아이들을 대하는 모습대로 된다고 생각하니 정말 끔찍했습니다. 그래서 잠재력대로 대해 주려고 했습니다.

처음엔 어떻게 대해 주는 것이 잠재력대로 대해 주는 것인지 도저히 감이 잡히지 않았는데, 어느 순간 두 아이가 과거에 했던 말이 떠올랐습니다. 아들은 나중에 대학에서 강의를 하고 싶다고 한 적이 있고, 딸은 사업을 크게 해서 돈을 많이 벌겠다고 했던 기억이 났습니다. 그래서 아들은 훌륭한 교수님이 되었다고 생각하고 '배 교수님'이라고 불러 주기로 했습니다. 딸은 세계적인 사업가로 생각하고 '배 회장님'으로 부르기로 마음먹었습니다.

머릿속 생각은 그랬으나 막상 입이 잘 떨어지지 않아 힘들었습니다. 그렇게 부르면 아이들이 어떤 반응을 보일까 두려움이 앞섰기 때문입니다. 그래도 배웠으니 실천을 해야겠다 싶어 어느 날 아이들을 깨우며 "배 교수님, 그만 일어나세요. 엄마가 따뜻한 밥 해 놓았으니 지금 먹으면 좋겠네요"라고 말하며 아들 반응을 조심스레 살폈습니다. "왜 그렇게 불러?"라고 말할까 봐 걱정했습니다. 그런데 의외의 반응이 나왔습니다. "네, 이따가 일어나 먹을게요"라고 흔쾌히 대답하는 것이었습니다.

딸과는 늘 관계가 좋지 않아서 더욱 조심스러웠는데, 아들 반응에 용기를 얻어 말을 걸었습니다. "배 회장님, 어서 일어나요. 밥 먹어요"라고 했더니 딸도 "네, 금방 일어날게요" 하는 것입니다.

그 후에도 여건이 되면 배 교수님, 배 회장님이라 부르는데 두 아이는 싫어하는 기색 없이 상냥하게 답했습니다. 제가 두 아이를 존중하는 마음으로 대해 주는 것을 아이들도 좋게 느꼈던 것 같습니다.

여러분도 자녀를 앞의 괴테의 말처럼 미래의 모습, 잠재력의 모습으로 대하는 코치형 부모가 되어 보길 바랍니다.

4부

뇌를 알면 아이가 더 잘 보인다

파충류의 뇌, 포유류의 뇌, 영장류의 뇌

뇌에 관한 공부는 HD행복연구소 최성애·조벽 박사님께 많은 도움을 받았습니다. 미국의 뇌 과학자 폴 매클린은 우리 뇌를 '삼위일체의 뇌'라고 했습니다. 제1의 뇌(뇌간), 제2의 뇌(대뇌변연계), 제3의 뇌(대뇌 피질)가 서로 상호 작용을 하면서 우리가 삶을 유지할 수 있도록 해 준다는 것입니다. 그런데 이 세 종류의 뇌는 하는 일이 각각 다릅니다. 흔히 제1의 뇌는 '파충류의 뇌', 제2의 뇌는 '포유류의 뇌', 제3의 뇌는 '영장류의 뇌'로 부르기도 합니다.

파충류의 뇌는 주로 호흡, 심장 박동, 혈압, 체온 조절 등 생명 유지에 관한 일을 합니다. 포유류의 뇌는 감정, 식욕, 성욕, 단기 기억 등을 담당하고 있습니다. 유난히 식탐이 많은 사람들은 포유류의 뇌가 발달했기 때문입니다. 포유류의 뇌에서 성욕이 왕성하게 생기면 영장류의 뇌에서 충동을 조절해야 합니다. 영장류의 뇌가 제 역할을 하지 못하게 되면 성범죄가 발생하게 되는 것입니다. 또한 우리가 보고 들은 것을 '잠깐' 기억하는 것은 포유류 뇌의 '해마'가 제 기능을 해 주기 때문입니다. 같은 내용을 여러 번 반복해서 보고 들으면 그 기억은 영장류의 뇌인 '대뇌 피질'의 장기 기억 창고로 넘어가 오래오래 남게 됩니다.

영장류의 뇌는 기획, 충동 조절, 이성적 판단을 담당하고, 행복감을 느끼도록 해 줍니다. 행복감을 잘 느끼는 사람은 영장류의 뇌가 발달한 사람입니다.

물론 이 세 가지의 뇌는 모두 중요합니다. 하지만 학습과 인성에 있어서 가장 중요한 뇌는 '영장류의 뇌'입니다. 영장류의 뇌 중에서도 앞쪽을 '전두엽', 뒤쪽을 '후두엽', 옆쪽을 '측두엽', 정수리 부분을 '두정엽'이라고 부릅니다. 특히 '뇌의 사령관'으로 불리는 전두엽은 영장류의 뇌 중 가장 중요한 부분입니다. 전두엽의 중요성은 피니어스 게이지의 불행한 사고로 알려지게 됐습니다.

1848년, 25세의 게이지는 미국 버몬트의 한 철도 회사 현장 감독이었습니다. 유능하고 성실한 젊은이였죠. 어느 날 큰 바위를 제거하는 작업 중, 다이너마이트가 잘못 폭발하면서 6킬로그램의 쇠막대기가 게이지의 왼쪽 볼을 뚫고 그의 머리를 관통하는 대참사가 일어나게 됩니다. 현장에 있던 사람들은 당연히 게이지가 죽었다고 생각했습니다. 그런데 잠시 후 게이지는 그 자리에서 일어나 피를 흘리면서도 비틀비틀 걸어갔습니다. 머리에 거

대한 쇠막대기가 박힌 상태로 말입니다. 어떻게 그런 일이 벌어질 수 있었을까요? 생명의 뇌인 파충류의 뇌가 손상되지 않았기 때문에 살아 있었던 것입니다.

다행히 게이지는 수술로 쇠막대기를 제거했습니다. 1년 동안 할로 박사에게 치료를 받은 후 회사에 복귀했습니다. 비록 얼굴에 구멍이 뚫리긴 했지만 건강엔 문제가 없는 모습이었습니다. 그런데 사고 이후 그의 성격은 180도 달라집니다. 사고 전 온순하고 성실했던 모습은 온데간데없이 사라지고 그저 포악하고 폭력적인 성격만 남은 것입니다. 결국 게이지는 회사를 그만둘 수밖에 없었습니다. 이곳저곳을 떠돌아다니며 얼굴에 난 구멍에 쇠막대기를 넣었다 뺐다 하는 서커스 일을 하면서 겨우 살아가게 됩니다.

12년 후 그가 대발작으로 생을 마감하자 의사들이 모여듭니다. 게이지가 살아생전에 부검을 약속하고, 여러 의사에게 돈을 받았기 때문이었죠. 그런데 어느 한 사람에게만 시신을 줄 수 없어 부검 없이 묻혔다가, 7년 후 그를 치료했던 할로 박사가 연구를 시작하게 됩니다. 그리고 할로 박사는 게이지의 성격 변화가 전두엽의 손상 때문이라는 사실을 밝혀냅니다. 게이지는 불행하게 죽었지만, 인류의 뇌 과학 발달에 크게 기여한 셈입니다. 그 덕분에 전두엽의 중요성이 대두되기 시작했으니까요. 이처럼 전두엽은 이성적 판단, 올바른 의사 결정, 계획 능력, 예측 능력, 충동 조절 등 뇌의 사령관 역할을 합니다. 게이지의 두개골과 쇠막대기는 현재 하버드 의대 박물관에 보관되어 있다고 합니다.

남자들은 왜 게임과
축구에 빠질까?

세 종류의 뇌는 발달 시기에 다소 차이가 있습니다. 파충류의 뇌는 엄마 배 속에서부터 생겨 완성됩니다. 덕분에 우리는 세상에 나오자마자 숨을 쉴 수 있습니다.

포유류의 뇌는 초등학교 4학년부터 고3까지, 특히 사춘기 때 폭발적으로 성장을 합니다. 그래서 초등학교 4학년 때부터 아이들의 식욕이 왕성해지고 이성에 관심이 많아지게 됩니다. 이 시기에는 감정의 뇌가 발달해 감정 기복도 심해지게 됩니다. 파충류의 뇌와 포유류의 뇌는 시간이 지나면 저절로 완성이 됩니다.

반면 영장류의 뇌는 다른 뇌에 비해 상당히 늦게 완성됩니다. 학습과 인성에 매우 중요한 전두엽은 경험에 의해 완성이 되기 때문에 좋은 경험을 하면 '좋은 전두엽', 나쁜 경험을 하면 '나쁜 전두엽'이 됩니다.

영장류의 뇌는 포유류의 뇌처럼 초등학교 4학년부터 고3까지 가장 폭발적으로 성장하여 평균 27세에 완성됩니다. 그런데 남자와 여자는 차이가 약간 있습니다. 대략 남자는 30세, 여자는 24세 때 완성이 됩니다. 옛날 어른들이 말씀하셨던 '철이 들었다'는 시기는 대략 전두엽이 완성되는 그즈음을 일컫는 것입니다. 그럼 아들 키우는 분들은 언제까지 기다려야 할까요? 아들은 적어도 30세까지는 기다려야 철이 듭니다.

이처럼 철이 드는 데 남자와 여자는 6년의 차이가 납니다. 이것은 평균이기 때문에 사람에 따라서는 최대 10~15년의 차이도 날 수 있습니다. 이렇게 차이가 많이 나는 이유는 무엇일까요? 아직 과학적으로 입증된 것은 없습니다. 그런데 곰곰이 생각해 보니 제 나름대로 얻은 깨달음이 있습니다.

인류 역사의 많은 부분을 차지하고 있는 시기가 바로 수렵 생활을 했던 원시 시대입니다. 그 시대의 남자들에게 가장 중요한 일은 바로 사냥입니다. 그런데 사냥을 해야 하는 남자의 전두엽이 일찍 완성되었다면 사냥을 할 수 있었을까요? 집에서 전두엽적 사고로 분석만 하고 있을 겁니다. 사냥에서는 치밀한 분석력보다는 동물적인 감각이 필요합니다. 동물을 보면 이판사판 힘을 다해 뛰어가 잡아야 하고, 위험을 느끼면 바로 도망가야 하기 때문이지요. 따라서 남자의 뇌는 전두엽보다는 파충류의 뇌가 더 발달하는 것입니다.

남자들은 엄마 배 속에 있을 때부터 다릅니다. 공격적인 성향이 태아기부터 있어서 엄마 배를 발로 뻥뻥 찹니다. 움직임도 빠르고 많습니다. 태어나면 어떤가요? 일반적으로 여자아이들보다 훨씬 많이 움직이고 힘도 셉니다. 주위를 늘 두리번거립니다. 왜 그럴까요? 주변에 사냥할 짐승이 있는지 없는지 찾으면서, 혹시 적이 나를 공격하는 것은 아닌지 살피는 것이지요. 그런데 뇌에 대한 지식이 부족했던 저는 교실에서 남자아이들에게 "너희 왜 그렇게 움직이니? 여자아이들은 얌전한데, 너희들 때문에 수업이 안 된다"며 야단을 치곤 했습니다.

여러분, 남자아이들에게 가만히 있으라고 하는 것은 어떤 말일까요? 바로 죽으라는 말과 같습니다. 그럼 30세까지의 남자들은 지금 어디에서 무엇을 하고 있어야 할까요? 들판을 누비고 바다를 헤엄치며 사슴, 호랑이, 고래를 잡아야 하는 것이지요. 그런데 지금은 시대가 바뀌어 종일 교실에 갇혀 있습니다. 남자아이들에게는 가만히 앉아 있는 것 자체가 고문인 셈입니다.

시대가 바뀌어도 남자의 뇌는 여전히 공격적인 파충류의 뇌가 발달하고 있습니다. 남자들은 30세까지 늘 광야를 질주하던 그 옛날을 그리워합니다. 그래서 특히 남자들이 그렇게 축구에 열광하는 겁니다. 그럼 교실에 갇힌 남자아이들은 들판을 누비지도 못하고 사슴, 호랑이도 잡지 못하니 어디서 대리 만족을 얻을까요? 바로 게임이지요. 그러니 게임하지 말라고 아무리 엄마가 소리를 지른다고 아이들이 안 할까요? 그럴수록 더 교묘한 방법으로 엄마 눈을 피해 가며 하게 됩니다. 게임 중독의 가장 좋은 예방법은 나가서 뛰어놀게 하는 겁니다. 그런데 학교에 종일 있다가 다시 방과 후 학교로, 학원으로 가고, 집에 가서도 무서운 엄마의 감시 체제하에 또 있으니 아이들이 얼마나 힘이 들겠습니까.

과거 남자아이들이 사냥하러 갈 때 누구와 갔을까요? 네, 아빠랑 갔습니다. 남자아이들은 아빠를 따라 사냥을 가서 짐승 잡는 법을 배우고, 세상 사는 법을 배웠습니다. 그렇게 아빠와 늘 소통하며 살았습니다. 남자아이들은 성향이 같은 아빠와 함께 있는 것이 편합니다.

그런데 지금은 아이들이 아빠 보기가 매우 어렵습니다. 아빠의 퇴근 시간이 늦을뿐더러 일찍 퇴근해도 아이들이 학원에서 늦게 오니 서로 만나기가 어렵습니다. 집에 가면 아빠는 안 계시고, 전두엽이 일찍 발달된 엄마만 계십니다. 엄마들은 전두엽적 사고로 아이에게 잔소리를 합니다.

학교에 가면 어떨까요? 학교에는 전두엽이 일찍 발달한 데다가 공부까지 잘하신 여자 선생님이 대다수입니다. 여자 선생님들은 자기 기준에서 아이들이 잘하길 기대하며 지도합니다. 어쩌다 만나는 몇 안 되는 남자 선생님들도 여자 선생님들 못지않게 꼼꼼한 분들이 많습니다. 그러니 남자아이들은 숨이 막히겠지요?

지금 학교에선 여자아이들 성적이 훨씬 좋고, 각종 국가 주관 시험에도 여자들이 많이 합격합니다. 남자들이 여자들보다 멍청해서일까요? 아니면 교육 과정과 시험 과목이 잘못되어서일까요? 제 생각에는 교육이 문제인 것 같습니다. 지금의 교육 과정과 시험 문제는 모두 전두엽적 사고를 요구합니다. 읽고, 쓰고, 말하고, 외우기는 남자보다는 전두엽이 일찍 발달된 여자에게 훨씬 유리합니다.

남자들이 가장 자존감이 높을 때는 언제였을까요? 사랑하는 아들과 사냥을 나가서 그 아들 앞에서 짐승을 잡고, 그것을 어깨에 메고 아들 손을 잡고 집으로 돌아올 때 아니었을까요? 그런 아버지를 보는 아들은 또한 아버지가 얼마나 자랑스러웠겠습니까? 두 부자는 개선 행진곡을 부르며 집으로 돌아왔을 것입니다. 그런데 지금은 메고 올 사슴도, 호랑이도 없거니와 잡을 필요도 없습니다. 그나마 컴퓨터가 덜 발달된 시대에는 월급봉투라도 들고 올 일이 있었는데, 이제는 급여가 자동 이체되는 바람에 현금을 들고 오기는커녕 아내에게 용돈을 타서 써야 합니다. 어쩌다 술이라도 마시게 되면 용돈 많이 썼다고 아내에게 잔소리까지 들어야 합니다. 남편으로서 자존감도 떨어지고 자녀와의 소통도 어려운 이 시대의 남자들을 위하여 이렇게 외치고 싶습니다.

"교육 과정에, 시험 과목에 사냥 과목을 넣어 달라."

우리 집 거실에 호랑이가
어슬렁거린다면

평상시 뇌는 파충류의 뇌, 포유류의 뇌, 영장류의 뇌에 골고루 피가 잘 전달되어 아무 문제가 없습니다. 이럴 때는 아이들이 말도 잘 듣고, 공부도 잘하고, 싸울 일도 없습니다. 그런데 스트레스를 받아 화가 나면 문제가 생깁니다.

아이들이 스트레스를 받는 때는 언제일까요? 하고 싶은 것을 하지 못할 때, 하기 싫은 일을 해야 할 때이겠지요? 스트레스를 받아 소위 열을 받으면 포유류의 뇌에서 '편도체'라는 부분이 자극됩니다. 그러면 뇌신경 전달 물질인 코르티솔이 증가되는데, 이 호르몬은 면역력을 저하시키고 심장 박동을 빠르게 합니다.

화가 나서 심장 박동이 빨라지면 심장을 관할하는 뇌인 파충류의 뇌가 활발하게 활동합니다. 따라서 머리 전체에 골고루 있어야 할 피들이 파충류의 뇌로 모이며 핏줄이 팽창하는 것이지요. 화가 났을 때 뒷골이 땅기는 이유가 바로 이 때문입니다.

　이렇게 피가 파충류의 뇌로 쏠리게 되면 자연스럽게 영장류의 뇌인 전두엽이 비게 되는데, 이런 현상을 옛날 우리 어른들은 '골이 비었다'라고 표현했습니다. 골이 비면 전두엽적 사고를 할 수 없으니 기억력, 집중력, 이해력, 판단력 등의 고등 사고력이 마비됩니다.

　그러나 긴급 상황에서 파충류의 뇌가 활성화되는 것은 한편으론 다행스러운 일입니다. 예를 들어 여러분이 있는 곳에 갑자기 호랑이가 나타나 긴박한 상황이 되었다면 생각할 겨를 없이 비명을 지르며 도망갈 겁니다. 위험하다는 것을 감지한 순간 생명에 위협을 느끼게 되니, 생명의 뇌인 파충류의 뇌가 활동을 많이 한다는 뜻입니다.

　이럴 때 파충류의 뇌가 활성화되지 않고 전두엽이 활성화된다면 어떨까요? 호랑이를 보는 순간 도망을 가지 않고 분석에 들어가겠지요. '저 호랑이는 어디서 왔을까? 줄무늬가 참 예쁘구나. 어떤 품종일까? 저 호랑이 가죽을 벗기면 돈을 얼마 받을 수 있을까?' 등등을 생각하면 어떻게 될까요? 호랑이에게 잡아먹히게 되는 겁니다. 그래서 일단은 살고 봐야 하니까, 영장류의 뇌인 전두엽이 아닌 생명의 뇌인 파충류의 뇌만 활성화되는 것입니다.

　이렇게 죽을 판 살 판 정신없이 도망가고 있는데, 갑자기 한 사람이 나타나 책을 한 권 준다고 가정해 보지요. 그 책에 호랑이 퇴치법이 있으니 읽어 보라고 하면 읽을 수 있겠습니까? 대단한 비법이 그 책 안에 있다 할지라도 그 순간에는 읽을 수도 없거니와, 설령 읽는다 해도 읽는 것이 아닐 것입니다.

이 상황을 아이들 입장에서 가정이나 학교에 비교해 볼까요? 집에 호랑이보다 더 무서운 엄마가 있으면 아이의 뇌 상태는 초긴장이 될 것입니다. 그런 엄마가 자기 주위를 맴돈다면 무서운 호랑이가 어슬렁거린다는 느낌이 들 수도 있습니다. 아빠까지 무섭다면 상황은 더 악화되겠지요? 여기에 원수 되는 말까지 하며 "얼른 들어가 공부해"라고 한다면? 아이는 방에 들어가 억지로 책상 앞에 앉긴 하겠지만, 전두엽은 비어 있고 파충류의 뇌만 활성화되니 공부를 한다는 것은 거의 불가능한 일일 겁니다.

저희 두 아이는 어릴 적에 학원을 다녀오면 가방을 소파에 휙 던졌습니다. 이것은 무슨 뜻일까요? '나 지금 열받았어. 내 뇌 상태가 파충류의 뇌니까 건들지 마'라고 암시하는 거 아닐까요? 그러고 나서 아이들은 먹을 것을 열심히 먹고 소파에 비스듬히 누워 멍하니 TV 시청을 합니다. 제 생각으로는 비싼 학원 다녀왔으니 복습 좀 했으면 좋겠는데 말입니다. 처음 몇 분은 부글거리는 속을 누르면서 '조금 보다 들어가겠지' 하는 마음으로 참습니다. 5~10분 지나면 인내심이 바닥나면서 참았던 말을 합니다.

"그만 보고 안 들어가니?"

아이들은 들은 척도 하지 않습니다. 20분이 지나가면 저는 "뭐 하고 있니? 빨리 들어가 숙제 못 해?"라고 소리를 지릅니다. 그래도 아이들은 반응이 없습니다. 30분이 넘어가면 더 참지 못

하고 아이들 등짝을 한 대씩 때립니다. "빨리 못 들어가? 엄마 말 안 들리니?"라고 소리를 지르면서요.

그럼 아이는 어떻게 나올까요? 화를 버럭 내며 "됐어. 내가 알아서 한다고!" 하고 소리를 지릅니다. 파충류의 뇌 상태가 되는 것이지요. 그러면 저도 화가 나니 파충류 상태가 되고, 오랜만에 일찍 들어온 남편도 파충류 상태가 되어 같이 소리를 지릅니다. 온 가족이 파충류가 된 셈이니 이것이 동물의 왕국이 아니고 무엇이겠습니까?

계속 쓰는 뇌는 발달하고, 쓰지 않는 뇌는 퇴화하는 것은 당연하겠지요? 뇌세포 속에 있는 뉴런을 살펴보면 복잡한 구조로 되어 있는데, 그중에서 '축삭 돌기'라는 부분이 있습니다. 축삭 돌기는 자극이 들어오면 반응으로 나가는 길인데, 사슬처럼 연결되어 있습니다. 많이 쓰면 그 옆에 또 다른 사슬이 생기고 넓어져 길이 매끄럽게 나는 반면, 쓰지 않는 부분은 사슬이 끊어지고 없어져 점점 퇴화됩니다.

그렇다면 아이들이 항상 스트레스와 열을 받고 혈압이 오르면 어떻게 될까요? 계속해서 파충류의 뇌만 사용하게 되니 전두엽으로 가는 축삭 돌기들은 끊어져 길이 없어집니다. 반면에 파충류의 뇌로 가는 길은 넓고 가기 쉽게 됩니다. 결국 어떠한 자극이 들어와도 전두엽적인 사고 대신 가기 쉬운 파충류적 사고를 하게 되는 겁니다.

"짜증 나", "몰라요"를
입에 달고 사는 아이들

    몇 년 전 한림대 성심병원 홍현주 교수 팀은 사교육을 많이 받는 어린이일수록 우울증에 걸릴 확률이 높아진다는 연구 결과를 발표했습니다. 사교육을 많이 받을수록 아이들은 스트레스를 받고, 그로 인해 코르티솔이 분비되면서 파충류의 뇌가 활성화되어 우울증이 생기거나 폭력적이 된다는 것입니다.

    일찍이 뇌 과학이 발달한 유럽과 미국에서는 아이들을 종일 공부시키는 것이 얼마나 어리석은지 알아서 오후에는 주로 스포츠 활동을 시킵니다. 이건 뭘 뜻하는 것일까요? '너희들, 사슴과 호랑이는 못 잡아도 뛰기라도 해라'라는 뜻이 담겨 있는 거죠. 그런데 우리 아이들은 학교에서 종일 공부하다가 곧장 방과 후 학교에 가고, 또 시간에 쫓기듯 학원으로 가야 합니다. 얼마나 힘이 들겠습니까?

파충류의 뇌가 활성화된 아이들이 많이 하는 말 일곱 가지를 뽑아 보았습니다. "짜증 나"는 입에 달고 쓰는 말이지요. "그것 왜 했니?" 하고 물으면 "그냥요", "어떻게 된 거야?" 물으면 "몰라요", "그것 좀 해 보자"고 하면 "싫어요"라고 합니다. 그리고 말끝마다 "됐거든요", "재수 없어", "헐" 이런 말을 많이 할수록 파충류의 뇌는 더욱 활성화되고, 결국 전두엽이 계속 손상되는 악순환이 일어날 수밖에 없습니다.

전두엽이 손상되면 일어나는 첫 번째 증상이 충동적으로 되는 겁니다. 집중력 저하도 일어납니다. 학생들이 '다음 중 ○○이 아닌 것을 고르라'는 문제를 제대로 읽지 못하고 틀릴 때, 부모는 단순히 실수했다고 생각하기 쉽습니다. 그런데 사실은 끝까지 읽을 수 있는 집중력이 없어 틀리는 겁니다. 거기다 쉬운 문제를 잘못 읽어 틀리면 집에 와서 부모님께 또 꾸중을 들으니, 파충류의 뇌에 피가 더 몰리는 악순환이 벌어집니다.

다음에 나타나는 현상으로는 무기력증이 있습니다. 유치원, 초등학교 1~2학년 때는 수업 시간에 서로 발표하겠다고 손을 들다가 3~4학년만 되어도 서로 눈치를 봅니다. 5~6학년이 되면 거의 '날 잡아가려면 잡아가세요'라는 무표정으로 의욕 없이 앉아 있다가 중·고교에 가면 수업 시간에 자는 학생도 많아집니다. 심지어 수능 시험 날, 엄마는 추운 교문 밖에서 두 손 모아 빌고 있는데 아이는 대충 찍고 졸고 있는 경우도 있습니다. 무기력의 대표적인 사례라고 할 수 있습니다.

학교 폭력은
왜 생길까

　　　　　　앞에서 말했듯 다양한 원인으로 전두엽이 손상되면 파충류의 뇌가 활성화되면서 우리의 뇌는 동물적인 상태가 됩니다. 동물의 세계에서는 두 가지 반응이 나타납니다. 자신이 힘이 강하다고 생각하면 공격을 하고, 힘이 약하다고 여기면 도망가는 것이지요.

　힘센 아이들이 힘이 약한 아이들을 지속적으로 괴롭히는 것이 '학교 폭력'입니다. 학교 폭력 피해자들은 괴롭고 힘든 상황이지만 어디에도 도움을 청하지 못하고 꾹꾹 참다가 두 가지 형태로 됩니다. 첫 번째는 참고 참았던 분노를 과격한 행동으로 표현하여 한순간에 오히려 가해자가 되어 버리는 겁니다. 두 번째는 어떤 저항도 못 하고 영영 도망가는 방법을 택하게 되는데, 이것이 바로 자살입니다.

우리 딸은 늘 말이 없고 조용했습니다. 말 없는 딸이 못마땅하여 "너는 어쩜 말 없는 네 아빠하고 똑같니?"라며 야단을 치곤했습니다. 같은 반 엄마들이 학교에서 있었던 일을 이야기하면 저는 하나도 아는 게 없었습니다. 저는 늘 "우리 딸은 내성적이라 말을 안 한다"고 했습니다. 그런데 내성적인 아이들일수록 말할 대상이 필요합니다. 우리 아이가 말을 안 했던 이유는 내성적인 성격이어서라기보다는, 호랑이보다 더 무서운 엄마에게는 그 어떤 말도 할 수 없고 하고 싶지도 않았던 것입니다.

집에서는 엄마가 무서운데 학교 선생님까지 무섭고 불편하다면 아이 상태는 더 심각해집니다. 딸이 초등학교 다닐 때를 떠올려 보니, 담임 선생님이 따뜻하고 친절한 해는 학교 적응을 잘했습니다. 무서운 선생님이 걸린 해는 학교에 안 가겠다고 울었던 적이 많았습니다. 그런 날은 아침부터 전쟁을 치르는 것 같았습니다.

초등학교 3학년 때가 가장 힘들었습니다. 늘 조용한 딸이 남자아이들에게는 신기하고 이상했던 것 같습니다. 얼굴은 예쁜데 말을 안 하니, 짝꿍이 된 남자아이가 자꾸 괴롭혔습니다. 당시 딸에게는 엄마도 선생님도 믿을 수 있는 존재가 아니었던 것 같습니다. 그래서 남자아이가 괴롭혀도 꾹꾹 참고 견디다가 어느 날 너무 화가 났는지, 들고 있던 뾰족한 연필로 짝꿍의 손등을 찍어 버렸습니다.

딸은 그동안 괴롭힘을 받았던 피해자였지만, 그 사건으로 한순간에 가해자가 되어 버렸습니다. 저는 같은 학교 교사로서 정말 난감했습니다. 여러 난처한 일이 있었지만, 그래도 다행히 일이 잘 마무리가 되었습니다. 그런데 그 후부터 딸아이는 손톱을 영 깎지 않더니 그 손톱으로 다른 아이 얼굴을 할퀴어 또 가해자가 되고 말았습니다.

그날 집에 온 딸한테 제가 어떻게 했을까요? "내가 못 살아. 도대체 너 왜 그러니? 너 때문에 창피해서 학교도 못 다니겠다"는 원수 되는 말을 했습니다. 시부모님과 남편까지 저를 거들어 아이는 더욱 죄인이 되었습니다.

다음 날 등교를 거부하는 아이를 또 야단쳐서 억지로 학교에 데리고 갔습니다. 아이를 겨우 교실로 올려 보내고 저는 교실로 왔는데, 아이의 담임 선생님이 전화를 했습니다.

"아이가 오지 않았는데 혹시 무슨 일 있어요?"

아이를 찾기 위해 여기저기 연락을 해 봤지만 어느 곳에도 아이는 없었습니다. 앞이 캄캄해지고 정신이 없었습니다. 다행히 점심시간에 다른 학생들이 딸을 찾아냈습니다. 자기 교실 근처 화장실, 짐 두는 칸에 숨어 있었습니다. 아이를 찾아 안도의 숨을 쉬긴 했지만, 제가 그날 아이에게 어떤 짓을 했을까요? 지금 생각해 보면, 4교시 내내 화장실에 숨어 있던 아이는 얼마나 무섭고 불안했을까요?

아이의 마음도 헤아리지 못하고 그렇게 매몰차게 야단쳤던 저는 무식하고 어리석은 엄마였음을 고백하며, 다시 한 번 아이에게 용서를 빌고 싶은 심정입니다.

뇌 안을 채우기보다
뇌의 크기를 키워라

전두엽을 활성화하는 가장 좋은 방법은 바로 좋아하는 것에 몰입하는 것입니다. 미하이 칙센트미하이 교수는 『몰입의 즐거움』이라는 책에서 행복의 조건인 몰입이 얼마나 중요한지 말하고 있습니다.

인간은 태어나서 죽을 때까지 삶의 단계별로 네 가지에 몰입한다고 합니다. 어린 시절에는 놀이에 몰입합니다. 청년 시절에는 사랑, 장년이 되면 일, 노년에는 종족 보존의 본능에 의해 손자와 손녀에 몰입한다고 합니다. 이렇게 원하는 일에 몰입할 때 분비되는 뇌신경 전달 물질이 세로토닌, 도파민, 엔도르핀, 다이돌핀입니다. 이런 물질들이 많이 분비되면 될수록 전두엽이 활성화되어 행복을 느끼게 되는 것이지요. 이렇게 몰입은 전두엽의 용량을 업그레이드하는 매우 중요한 역할을 합니다.

그런데 저는 우리 아이의 뇌 용량 키우는 일보다는 뇌 안을 채우는 일을 하느라 정신이 없었습니다. 뇌의 용량을 키워야 많은 것을 담을 수 있는데, 용량은 키우지 않고 담는 일만 시키다 보니 우리 아이 뇌는 과부화가 걸린 것이지요.

우리들 어린 시절에는 학교에 다녀오면 무엇을 했나요? 우리는 학교에 다녀오면 가방을 던져 놓고 동네 아이들끼리 모여 사방치기, 달리기, 고무줄놀이를 하며 행복한 어린 시절을 보냈습니다. 학원에 가지도 않았고, 과외나 학습 지도도 받지 않았습니다. 해가 뉘엿뉘엿 져서 온 마을이 어둑어둑해질 때까지 그저 뛰어놀았습니다. 그러다 어머니들이 이 집 저 집에서 나와 밥 먹으라고 온 마을이 떠들썩하게 이름을 부르면, 내일 다시 놀 것을 친구들과 약속하며 아쉬운 발걸음을 집으로 옮기곤 하였습니다.

한 반 인원이 80명이 넘어서 오전·오후로 2부제, 3부제 수업을 하던 시절도 있었습니다. 담임 선생님이 80명 중에서 내 이름을 아시기나 했는지 기억도 가물가물합니다. 그 당시 선생님들 중에는 지금 같으면 인권위원회에 잡혀가실 분이 참 많았던 것 같습니다. 학생이 조금만 잘못해도 매를 들어 상상도 못 할 만큼 때리고, 한 명만 잘못해도 반 전체가 기합을 받게 했습니다. 입에 담지 못할 험한 말을 하시는 분도 종종 있었습니다.

집에서 우리 부모님들은 어땠나요? 다 같이 먹고살기가 어려운 시절이었기에 밥 먹고 사는 데 급급했습니다. 저는 고향이 전북이었기에 어머니 말씀 중 상당한 부분은 친근한 욕설이 차지했지요. 앞에서 말했던 '인정, 존중, 지지, 칭찬' 이론에 따르면 칭찬 한 번 제대로 듣지 못하고 자란 우리 세대는 스트레스가 쌓이고, 파충류의 뇌가 발달하여 모두 우울증에 걸려야 합니다.

그런데 이렇게 멀쩡하게 잘 살아 있는 이유는 무엇일까요? 우리 세대에는 놀이가 있었습니다. 선생님께 부모님께 야단을 맞아도 이 위기만 모면하면 나가서 놀 수 있다는 희망이 있었기에, 선생님이나 부모님 꾸중이 크게 문제가 되지 않았습니다.

기억나나요? 놀다가 너무 재미있어서 맛이 갈 것 같은 황홀감을 느꼈던 순간을. 저는 유난히 노는 것을 좋아했기에 놀면서 느꼈던 기쁨을 생생히 기억합니다. 그 행복감과 황홀감을 느끼게 해 주는 뇌신경 전달 물질을 세로토닌, 도파민, 엔도르핀, 다이돌핀이라고 합니다. 마약을 투여하면 그런 비슷한 기분이 느껴진다고 합니다. 그런데 놀이 몰입의 기쁨은 '천연 자연 뽕'에 해당하는 것이라 부작용 같은 것은 전혀 없습니다.

친구들과 뛰어놀았던 '놀이' 시간은 모든 스트레스를 날려 주었습니다. 부모님, 선생님, 친구들과 있었던 기분 나쁜 사건들도 놀이에 몰입하면 모두 잊을 수 있었습니다. 놀이에 몰입할 때 분비되는 뇌신경 전달 물질들로 전두엽이 활성화되었기 때문입니다.

저는 보통 혼자 놀지 않고, 같은 놀이는 싫증이 나서 매일 조금씩 다른 방식으로 놀았습니다. 그렇게 여럿이 놀면서 자연스럽게 사회생활을 배우고 협동심을 기를 수 있었습니다. 다른 식으로 놀기 위해서는 다른 생각을 해야 했으니 창의성까지 키울 수 있었습니다.

어린 시절에는 놀아야 성장할 수 있습니다. 놀이를 통해 의사소통 능력과 창의적인 생각을 키울 수 있고, 친구들과의 사회성을 기를 수 있습니다. 그러면서 학습 능력을 키우며 성취감을 맛볼 수 있는 것이지요.

하지만 요즘은 밖에서 뛰어노는 아이들을 보기 힘듭니다. 학원 다니느라 놀 시간이 없습니다. 자연스럽게 친구들 만날 일이 줄어들어 사회성이 떨어지고, 상대방과 어우러져 지내는 방법을 모릅니다. 서로 양보하는 법, 이해하는 법을 모르니 각자 주장만 하면서 팽팽한 다툼이 자주 일어납니다. 어울려 사는 것이 불편하니 혼자 사는 '혼족'이 늘어나 여러 문제를 야기하고 있습니다.

어둑어둑해지는 골목을 우리 아이들이 축 늘어진 어깨에 가방을 메고 힘없이 걷고 있습니다. 도로변에 즐비하게 늘어선 학원 버스들! 이 아이들은 무엇을 위해 놀고 싶어도 놀지 못하고, 원하지 않는 사교육 현장에서 그렇게 많은 시간을 보내야 하는 것일까요? 이 아이들의 행복을 위해 학원을 보내는 부모님들! 과연 이 아이들이 행복할까요?

5부

아이의 잠재력을
깨우는
기적의 코칭

코칭 ❶

스스로 선택하게 하라

앞 장에서 뇌에 관한 이야기를 많이 했는데, 전두엽을 활성화시키는 아주 좋은 방법 중 하나가 바로 코칭입니다. 코칭의 핵심 3요소는 '스스로 선택, 지지적 피드백, 성공감'입니다. 이번 장에서는 코칭의 3요소에 대해 자세히 알아보겠습니다.

앞에서 코칭의 기본 철학이 뭐라고 했나요? 아이들은 각자 무한 잠재된 능력을 갖고 있으니 이것을 믿고 기다리는 것이라고 했지요? 아이를 믿는다면 선택권도 아이에게 줘야 합니다. 스스로 선택하게 하는 것은 아이의 자존감을 키워 주는 매우 강력한 방법입니다.

그런데 아이들에게 "밥 먹고 책 읽어라", "우리 나가서 운동하자", "숙제해라" 같은 이야기는 아무리 부드럽고 잔잔한 목소리로 말해도 잔소리이지 코칭이 아닙니다. 설령 책 읽고, 운동하고, 숙제하고 싶은 마음이 있었더라도 이 말을 듣는 순간 아이들은 아무것도 하고 싶지 않을 겁니다. 인간에게는 선택의 본능이 있기 때문입니다. 그래서 일방적으로 시키기보다는 "밥 먹고 뭐 하고 싶니?"라고 물어봐 주는 것이 코칭입니다.

재미있는 예를 들어 보겠습니다. 제가 학생들을 가르칠 때 동기 부여를 하겠다고 부상으로 학용품을 여러 개 준비했습니다. 그런데 학생들이 좋아했을까요? 우리 어렸을 적에야 누가 학용품을 선물로 주면 좋아했지만, 요즘은 어딜 가나 널려 있는 것이니 별로 반기질 않습니다. 상품으로 받고서도 책상 위에 두고 그냥 가거나 때로는 함부로 관리해 교실 바닥에 굴러다니기도 했습니다. 그걸 보면 화가 나지요. '어디 선생님이 선물로 줬는데 버리고 가?'

괘씸한 생각이 들어 다음 날 아침부터 "이거 누가 버리고 갔어?" 하면서 범인을 찾아내 야단을 칩니다. 아침부터 야단치고 공포 분위기를 조성하니 아이들의 뇌 상태는 어떻게 되었을까요? 야단맞은 아이는 화가 나고, 그 상황을 바라보는 아이들도 불안하여 파충류의 뇌로 피가 몰리겠지요? 그런 상태에서 수업을 진행하니 제가 설명한 내용이 아이들 머리에 들어갔을까요?

그다음에는 학용품 대신 아이들이 좋아하는 간식거리로 상품을 준비했습니다. '새콤달콤, 마이쮸, 미니쉘, 마이구미, 왕꿈틀이' 등을 예쁜 바구니에 한꺼번에 담아 놓으면 알록달록 색깔이 아주 예쁩니다. 마인드맵 강사 자격증을 취득하면서 색깔이 아이들 뇌 발달에 도움이 된다는 사실에 착안한 것입니다. 그런데 아직도 저는 한참 모자랐습니다. 잘한 아이를 불러내 상품을 줄 때도 제가 골라 줬습니다. 그러면 아이들이 이럽니다. "선생님, 저 다른 것 가져가면 안 돼요?"

"그래, 네가 원하는 것을 골라 가."

이렇게 말했다면 얼마나 좋았을까요? 그런데 저는 이렇게 말했습니다.

"주는 대로 받아. 선생님이 주면 고맙다고 받지 웬 말이 그리 많아?"

얌전한 아이들은 그냥 받아 갑니다. 그런데 그건 주고도 욕먹는 일이죠. 간혹 간이 큰(?) 용감한 아이들은 "선생님 저 다른 것 주세요. 이건 제가 싫어하는 거예요"라며 계속 자기 의견을 이야기합니다. 그러면 "너는 받을 자격이 없어. 이리 가지고 와" 하면서 줬던 것을 도로 빼앗아서는 바구니 속 깊숙한 곳에 넣어 버리곤 했습니다. 자리로 돌아간 아이는 무슨 생각을 했을까요?

'흥, 더럽고 치사하다. 집에 가서 엄마한테 한 박스 사 달래서 먹어야지' 이런 생각을 했겠지요? 화가 나 파충류로 변한 아이가 수업에 집중할 리 없습니다. 딴생각을 하고 앉아 있는 아이의 태도가 맘에 안 드니, 저는 또 그 아이를 눈여겨보다가 일으켜 세웁니다.

"너 선생님이 뭐라고 했어? 선생님 설명한 것 말해 봐."

갑자기 지목당한 아이가 잘할 수 있을까요? 당연히 대답을 못합니다. 그런데 가끔 잘하는 아이가 있습니다. 그럴 때는 더 화가 나지요. '두고 보자. 내가 너를 이 시간에 반드시 곤란하게 한다' 이런 생각을 하기도 했습니다.

하지만 대부분은 대답을 잘 못합니다. 그러면 "내가 너 그럴 줄 알았어. 다른 아이들 다 잘 듣고 있는데 너는 뭐 하고 있는 거니?"라면서 경멸하는, 원수 되는 말을 합니다. 그런 말들이 아이의 전두엽을 얼마나 손상시키는지는 저는 코칭 공부를 하고야 깨달았습니다.

바구니 속 상품을 아이들이 스스로 고르게 하면 뭐가 좋을까요? 물건을 고를 때 사람들은 그냥 고르지 않습니다. 순식간에 모든 물건을 스캔하지요. 이것은 달아, 저것은 시어, 저것은 싼 거야, 이것이 비싼 거야 등등. 그 짧은 순간에 수많은 정보 처리가 머릿속에서 이뤄집니다. 어느 뇌를 쓰고 있을까요? 바로 분석하고 생각하는 뇌, 전두엽을 쓰고 있습니다. 저는 스스로 선택하기야말로 전두엽을 활성화하는 데 매우 중요하다는 것을 뒤늦게 깨달았습니다.

코칭은 이처럼 아이들로 하여금 전두엽을 쓰게 하는 매우 중요한 도구가 됩니다. 먹고 싶고 하고 싶은 것, 입고 싶은 것, 가고 싶은 곳, 사고 싶은 것, 이 모든 것을 우리 아이들이 어린 시절부터 선택할 수 있도록 기회를 줘야 합니다.

"빨리 골라,
하나 둘 셋!"

무자격 부모였던 제가 아이들에게 선택의 기회를 줬을까요? 고백하건대 저는 그 어떤 것도 아이들에게 선택권을 주지 않았습니다. 제 나름대로 부모 노릇을 한다고 어린이날에, 아이들 생일에, 크리스마스에 선물을 사 주러 나갑니다. 들뜬 마음으로 아이들이 백화점에 따라옵니다. 그러면 아이들에게 이렇게 말합니다.

"10분 안에 얼른 골라. 엄마 바쁘니까."

이 말을 듣는 순간 아이들은 어땠을까요? 불안해지기 시작했겠지요? 얼른 골라야 된다는 강박 관념에 마음이 바빠지니 물건을 이것저것 만져 보다가 자꾸 떨어뜨립니다. 그럼 또 한마디를 합니다.

"그것 네가 다 살 거야? 눈으로 봐. 왜 떨어뜨리고 그러니?" 그러면 주눅이 들어 더 고르지 못합니다. 시간은 자꾸 가고 아이들 마음은 점점 더 바빠지는데, 저는 아랑곳하지 않고 다그칩니다.

"엄마가 셋 세는 동안 골라. 하나, 둘, 셋!"

아이들이 제대로 고르지 못하면 저는 "이거 우리 집에 없으니 요거 가지고 가면 되겠네" 하고 제 맘대로 골라 온 적도 있습니다.

아침에는 출근하기 바빠서 저는 아이들 옷을 저녁에 미리 챙겨 놓을 때가 많았습니다. 일기 예보를 보고 거기에 맞는 옷을 구닥다리 패션 감각으로 색깔을 맞추어 챙겨 놓았습니다. 아들은 엄마를 이길 수 없다는 걸 일찍 터득했기에 입으라는 옷을 입습니다. 그런데 딸은 엄마가 골라 준 옷을 그냥 입은 적이 없었습니다. 마음에 들지 않으니 아침마다 그 옷을 안 입겠다고 칭얼댑니다. 어떤 때는 미리 다른 옷을 입고 있습니다.

제가 보기에는 딸이 고른 그 옷을 입고 나가면 감기에 걸리거나 너무 더울 것 같습니다. 때로는 옷 색깔이 서로 어울리지 않아 보입니다.

그래도 아이는 자기가 고른 옷을 입겠다고 고집을 부립니다. 저는 "어린 것이 어디 엄마를 이기려고 하느냐"고, "얼른 벗어!"라고 소리를 지릅니다. 아이가 안 벗겠다고 더 고집을 부리면 저는 옷을 억지로 벗기기까지 했습니다.

아이는 잡고 있고 저는 벗기려고 하니, 그 옷이 어떻게 되었을까요?

그래서 우리 집에는 찢어진 옷이 많았습니다. 아이가 싫다는데도 저는 "누구 닮아 이렇게 고집이 센지 모르겠다"며 아이를 야단치고 제가 골라 놓은 옷을 억지로 입게 했습니다. 머리에서 발끝까지 색깔에 맞춰 입히고 머리는 곱게 빗어 각종 리본과 방울로 묶어 줍니다.

우리 집에는 제가 마음대로 사 놓은 머리 장식과 방울이 아주 많았습니다. 얼굴이 작고 예뻤던 딸의 머리를 하나로 올려서 여러 색의 방울과 리본으로 묶어 주면 '엄마 보기 심히 좋았더라' 이었지요. 옆에서 아들은 "엄마, 내 동생처럼 예쁜 아이는 없지? 정말 예쁘지?"라고 말합니다. 그런데 딸의 입은 나와 있습니다. 그리고 짜증을 냅니다. 소매 끝이 잘 맞지 않는다는 둥, 옷이 끼어 불편하다는 둥, 이유도 다양합니다. 그러면 "뭐가 안 맞니? 두 눈으로 잘 봐라. 잘만 맞는데 웬 말이 많니?"라고 타박을 줬습니다. 그리고 바지나 치마를 잡아 늘이면서 "뭐가 끼어? 둘도 들어가겠다"라며 잔소리를 했습니다.

딸은 옷으로는 승부가 날 것 같지 않았는지, 다시 거울을 보며 머리가 삐뚤어지게 묶였다며 고무줄을 확 빼 버립니다. 출근해야 하는 저는 시간도 없고 화도 나지만, 아이 머리를 다시 빗기기 시작합니다. 어떻게 했을까요? 빗으로 더 세게 빗고 손으로 머리를 잡고 흔들며 "너 때문에 학교 늦는다"고 듣기 싫은 소리를 하며 묶어 주었겠지요? 그러면 아이는 더 화를 내고, 저도 화가 나 아침부터 집 안이 전쟁터가 되곤 했습니다.

그렇게 아침에 화가 난 상태로 학교를 가니 딸이 학교생활을 즐겁게 했겠습니까? 그래서 밥 먹듯이 결석했던 겁니다. 그때는 딸이 왜 그러는지 이해가 되지 않았습니다. 말을 안 듣고 고집이 센 아이, 문제 아이로만 생각했는데, 코칭을 배우고 나서야 비로소 아이가 그때 왜 그런 행동을 했는지 알 수 있었습니다.

우리 집 아이들은 여행을 갈 때도 자기 생각을 말해 본 적이 없습니다. 저는 '아이들이 뭘 알아? 어른들이 가자고 하면 그냥 따라오는 거지'라고 생각해서 자식들 의견을 물어볼 생각도 하지 않았습니다. 코칭을 배우고 나서야 아이들에게 어디 가고 싶은지 물어보는 것이 중요하다는 것을 알았습니다. 산으로 갈지, 바다로 갈지, 국내로 갈지, 해외로 갈지 등의 아주 간단한 것이라도 어려서부터 선택하는 기회를 줘야 합니다.

여러분, 사교육이 왜 나쁩니까? 아이들 공부 도와주겠다는 사교육이 원래 나쁜 것은 아니지요. 선택이 없는 사교육이 나쁜 겁니다. 저는 아이들 학원을 이렇게 보냈습니다.

"너 수학 경시대회 금상 못 받았지? 수학 학원 가자."

"중학교 가면 미술 과목이 수행 평가에 포함된다더라. 그러니까 미술 학원 가자."

"우리나라 문화도 좀 알아야 되지 않겠니? 사물놀이도 배워."

"리코더도 잘 연주하니까 정말 보기 좋더라. 이번 방학엔 리코더 캠프도 다녀오고."

"물에 빠지면 떠야 하니까 수영도 배우자."

"스케이트도 좋다더라. 이번 겨울엔 그것 좀 배우고."

"스키도 가족끼리 타니까 보기 좋더라. 스키도 좀 해야겠다."

안 시킨 것이 없었습니다. 그래서 우리 두 아이들은 늘 바쁘고 쫓기는 시간을 보냈습니다. 마음 놓고 놀아 본 적이 없었습니다. 그런데 그 많은 것을 시키면서 아이들 생각을 물어본 적이 없습니다. 제가 필요하다고 생각하면 막무가내로 시켰습니다.

그런데 제가 왜 이런 것들을 무리하게 시켰을까요? 바로 제가 어렸을 적 해 보고 싶었는데, 돈도 없고 여건이 안 되어 못 해서 한 맺힌 것들입니다. 특히 피아노는 저에게 가슴 아픈 사연이 있습니다.

교육 대학 학생들은 초등학교에서 가르치는 전 과목을 공부해야 합니다. 음악 교과에서는 피아노를 배워야 하는데, 제 경우 피아노를 처음 본 것은 중고등학교를 다닐 때였습니다. 그래서 저에게 피아노 연주는 정말 힘들었습니다. 특히 대학 1학년 시절 음악 시간은 고역이었습니다. 시험 주제인 애국가 4부 연주를 한 학기 내내 연습했지만, 제가 받은 점수는 D학점이었습니다. 뼈아픈 경험은 피아노에 대한 한으로 맺혔고, 저는 '나중에 아이를 낳으면 피아노는 자유자재로 칠 수 있게 해 주겠다'라고 굳게 결심했습니다.

그래서 우리 아이들은 초등학교에 들어가기 전부터 피아노를 배웠습니다. 아이가 피아노에 관심이 있는지, 재능이 있는지는 중요하지 않았습니다. 제 생각엔 무엇이든 열심히 하면 안 되는 것이 없었으니까요.

두 아이는 주말을 제외한 일주일 내내 하루도 빠짐없이 피아노 학원에 다녔습니다. 그런데 2~3학년쯤 되자 제게 애원했습니다. "엄마, 피아노 좀 끊어 주세요. 전 피아노 치기 싫어요. 피아노 학원만 가면 숨이 막히고 토할 것 같아요. 피아노 안 치면 안 되나요?"

하지만 저는 "잔소리 말고 열심히 쳐. 하다 보면 좋아져. 나중에 엄마한테 고맙다고 할 거니까 그냥 쳐!"라고 했습니다. 그런데 아이들이 피아노 학원 간다고 나가서는 학원은 가지 않고 놀다 오는 날이 많다는 걸 알게 됐습니다. 두 아이를 앉혀 놓고 위협적인 목소리로 말했습니다.

"너희들 잘 들어라. 엄마는 피아노가 없는 동네에 살았어. 너희는 엄마 잘 만나 피아노 구경도 하고, 만져 보기도 하고, 이렇게 비싼 돈 내고 배울 수도 있잖니? 고마운 줄 알아야지. 잔소리 말고 피아노는 중학교에 입학할 때까지 쳐. 앞으로 한 번만 더 피아노 학원 빠지면 집에 못 들어올 줄 알아."

엄마를 이길 수 없었던 두 아이는 억지로 피아노를 배웠고, 전국 대회에 나가 트로피를 받기도 했습니다. 그리고 초등학교를 졸업하는 해의 2월 말까지 학원에 나갔습니다. 딱 거기까지였습니다. 그날 이후 두 아이는 피아노 앞에 절대 앉지 않았습니다. 원하지 않는 피아노를 매일매일 치며 아이들은 얼마나 많은 스트레스를 받았을까요? 얼마나 지혜롭지 못하고 무지한 엄마였는지,

지금 생각하면 아이들 앞에 고개를 들 수가 없습니다.

저는 또 휴대할 수 있는 악기를 찾았습니다. 피아노는 들고 다니며 연주 솜씨를 자랑할 수 없으니까요. 그래서 찾은 게 아들은 클라리넷, 딸은 플루트입니다. 둘이 듀엣을 하면 아주 보기 좋을 것 같았지요. 그래서 두 아이는 플루트와 클라리넷도 중학교 졸업하는 해의 2월 말까지 배워야 했습니다. 아들은 전국 클라리넷 대회에서 상을 받기도 했습니다. 두 아이의 듀엣 연주에 제가 피아노 반주를 맡아 가족 음악회에 나간 적도 있고, 교회에서는 남편까지 합류해 가족 찬양을 드린 적도 있습니다. 당시 사진을 보면 저만 웃고 있고 남편과 두 아이는 인상을 팍팍 쓰고 있습니다. 지금 그 플루트와 클라리넷은 어디에 있는지 찾을 수도 없습니다.

두 아이는 하기 싫은 것을 억지로 하면서 돈 버리고, 시간 버리고, 저와의 관계를 버렸습니다. 또한 매일 열을 받아 파충류의 뇌가 활성화되었습니다. 여러분! 오늘 자녀들에게 물어보세요.

"네가 다니는 그 학원, 네가 원해서 다니는 거니? 아니면 마지못해 다니는 거니?"

아이가 억지로 다니는 그 학원 때문에 여러분은 돈 버리고, 시간 버리고, 인간관계 버리고, 아이의 뇌 상태까지 망치고 있다는 사실을 꼭 기억하길 바랍니다.

산 좋고 물 좋은
기숙 학원

두 아이가 중2, 중3이 되자 제 마음은 더 바빠졌습니다. 어떻게 하면 아이들 성적을 더 올릴까 고민하다가 새벽 5시에 일어나 밤 12까지 공부하도록 관리해 주는 기숙 학원에 보내면 진학 준비가 잘될 것 같았습니다. 대단한(!) 정보력을 가진 제가 산 좋고 물 좋고 대중교통은 절대로 닿지 않는 곳을 찾아 나섰습니다. 대중교통은 왜 불편해야 할까요? 아이들이 집으로 오고 싶어도 오지 못하게 하기 위해서지요. 열흘 이상 인터넷을 검색하여 드디어 마음에 드는 곳을 찾아냈습니다.

경상도 함양 땅! 두 아이를 피난민 보따리처럼 차에 싣고 남편과 함께 기숙 학원으로 향했습니다. 차 안에서도 계속 요구 사항이 떨어집니다. "그곳은 정말 비싼 학원이니 한눈팔지 말고 열심히 해서 고등학교 때는 좋은 성적을 내야 한다. 엄마가 데리러

올 때까지 집에 오면 안 된다."

그때만 해도 아이들은 시키면 시키는 대로 잘했다고 했지요? 그곳에서도 적응을 잘했고, 성적도 아주 좋았습니다. 그런데 그후부터 아이들은 텔레비전에서 기숙 학원의 '기' 자만 나와도 채널을 돌렸고, 경상도 근처에는 가지도 않습니다.

이렇게 극성스러운 제가 어학연수는 어떻게 했을까요? 남편 사업 부도로 매우 어려운 형편이었지만, 어학연수는 꼭 보내고 싶었습니다. 돈은 없고 연수는 보내고 싶으니 선택한 곳이 어디였을까요? 바로 필리핀 바기오! 해발 1500미터 고지에 위치한 도시로, 1년 사시사철 날씨가 우리나라 가을과 같은 곳이었습니다. 그곳에 있는 선교사도 만날 겸 저는 두 아이와 함께 필리핀행 비행기를 탔습니다. 두 아이는 2개월 후 집으로 돌아왔습니다. 그리고 다시는 동남아 근처에도 가지 않습니다.

우리 집은 밥 먹을 때도 선택권이 없었습니다.

"엄마가 저녁에 이 반찬 만들었으니 얼른 먹어."

"고기만 먹으면 어떡하니? 채소도 먹어야지."

밥상머리에서도 늘 이렇게 잔소리를 했으니 아이들이 밥인들 맘 편히 먹었겠습니까? 그래서인지 두 아이는 늘 신경성 장염과 위염을 앓았고, 병원을 밥 먹듯이 다녔습니다.

딸은 중학교 시절 신경성 위염이 심해져서 종합 병원에 입원했습니다. 학원도 가야 하고 학교도 결석하면 안 되는데 병원에 누워 있으니 제 마음이 많이 언짢고 불편했습니다. 퇴근 후 병실에 가면 그런 마음이 퉁명스러운 말로 나왔습니다. 아이가 병원에 혼자 있는 동안 얼마나 외롭고 힘들었을지, 얼마나 불편했을지는 생각도 하지 않고, 병실에 들어서면 오늘 뭘 공부했는지, 문제집은 얼마나 풀었는지부터 확인했습니다. 제 생각엔 '신경성=꾀병'이라서 마음만 먹으면 그까짓 것 금방 나을 것 같았습니다.

그러나 별 차도 없이 보름 이상 흘러 제 마음은 더 조급해졌습니다. 담당 의사에게 항의하자, 저에게 사진 한 장을 보여 줬습니다.

"어머니, 이것이 따님의 위 사진입니다. 위 상태를 쉽게 설명하면, 위벽을 긴 손톱으로 빡빡 긁어 피가 줄줄 흐르고 있는 것과 마찬가지입니다. 이 정도면 엄청 고통스러울 텐데 워낙 참을성이 많은 아이라 잘 참고 있는 겁니다. 저도 금방 나을 줄 알았는데 영 좋아지지 않고 있어 걱정입니다."

당시 의사 선생님의 말이 이해가 안 되었는데, 그 원인이 바로 저였다는 사실을 뒤늦게 깨달았습니다. 가장 마음을 편하게 해 줘야 할 엄마가 아이에게 가장 큰 독을 주고 있었습니다. 항상 제 마음대로, 제 생각대로, 제가 원하는 것을 시키며 말 잘 듣는 아이로 만드는 것이 부모의 역할이라 착각한 것입니다. 코칭에서 가장 중요한 것은 선택이고, 선택은 전두엽을 활성화시키는 가장 기본 요소임을 알았다면 이런 잘못은 저지르지 않았겠지요?

코칭 ❷

지지적 피드백을 줘라

코칭의 두 번째 요소는 바로 지지
적 피드백, 즉 인정, 존중, 지지, 칭찬입니다. 인정과 칭찬이 얼마
나 중요한지는 앞에서 여러 번 언급했습니다. 아이가 무언가를 선
택하면 그것의 좋고 나쁨을 따지지 말고 일단 지지해 주는 것이
중요합니다.

"그래, 너는 그것이 하고 싶구나."

아이가 한 말을 거울에 비추듯 그대로 똑같이 '미러링
(mirroring)'해 주는 것이 가장 쉽고 편안한 지지적 피드백 방법입
니다.

그런데 저는 우리 아이들에게 선택의 기회를 주지 않았을 뿐

만 아니라, 아이들이 아주 기본적인 선택을 해도 지지해 준 적이 거의 없었습니다. 아들이 중학교 3학년이던 어느 날, "엄마, 저 취미로 드럼 좀 배우면 안 돼요?"라고 합니다. 드럼은 제 생각에 누가 치는 것일까요? 공부 안 하는 아이들이나 하는 것이라는 편견을 가지고 있었습니다. 저는 이렇게 답했습니다. "뭐? 드럼 같은 소리 하고 있네. 네가 지금 드럼 배울 때니? 드럼 배울 시간 있으면 문제 하나 더 풀고 책 한 권 더 읽어." 그 후에도 아들은 틈만 나면 드럼 소리를 했습니다. 똑같은 이야기에 화가 나서 "너 드럼 배울 시간 있는 것 보니 학원 하나 더 다녀도 되겠다"라고 하니 그때서야 더 말을 꺼내지 않더군요.

같은 해 아들은 클럽 활동(CA)으로 힙합 댄스를 선택했습니다. "너 무슨 부 들었어?"라고 물었더니 머뭇거리며 힙합 댄스부라고 대답했습니다. 제가 생각하기에 힙합 댄스는 누가 하는 것일까요? 그것 역시 공부 안 하고 노는 아이들이 하는 것이었지요. 그래서 아들에게 "하고많은 부 중에 왜 하필 힙합 댄스야? 누가 그런 부 들래? 넌 교통사고 당해서 다리도 허리도 안 좋은데 무슨 힙합이야? 내일 학교 가서 바꿔"라고 하자, 아들은 짜증 섞인 목소리로 "엄마, 내가 오늘 가위바위보를 몇 번 한 줄 알아?"라고 했습니다.

알고 보니 한 반에 2~3명만 뽑는 힙합 댄스부에 서로 들어가려고 희망자들끼리 가위바위보를 했고, 아들은 높은 경쟁률을 뚫고 그 부에 들어갔던 것입니다. 그런데 엄마가 자꾸 바꾸라고 하니 얼마나 가슴이 답답했을까요? 아들은 큰 소리로 "부 조직 다 끝났어! 이젠 못 바꿔!"라고 쐐기를 박았습니다. 그렇다고 제가 물러설 사람입니까? "사람이 하는 일인데 못 바꾸는 게 어디 있어? 내일 가서 바꿔 와. 엄마가 한 번 말하고 안 하는 것 있었어?" 하자 아들은 "난 못 해" 하고 방문을 쾅 닫고 들어갑니다. 저는 그런 아이 뒤통수에 대고 "알았어. 내가 알아서 할게" 하고 더 큰 목소리로 대답합니다.

다음 날 저는 뭘 했을까요? 당시 모 초등학교 교무 부장이었던 저는 수업을 마치자마자 아들의 학교로 향했습니다. 담임 선생님을 찾아가 "아이가 어렸을 때 교통사고를 당해 다리도 허리도 안 좋다"며 "의사 선생님도 운동하면 안 된다고 했는데, 아이가 그걸 잊고는 힙합 댄스부를 신청한 모양이니, 부를 바꿔야 한다"고 했습니다. 교통사고가 있었다는 것은 맞는 말이었지만, 의사 선생님이 운동을 못 하게 한다는 말은 제가 붙인 말이었습니다.

담임 선생님은 여기저기 알아보고는 아들의 부를 바꿔 줬습니다. 무슨 부로 바꿨을까요? 독서 논술부! 한 달에 두 번, 토요일마다 CA 시간에 억지로 독서 논술부에 가야 했던 아들은 얼마나 화가 났을까요?

그런데 아들이 드럼과 힙합 댄스를 하고 싶어 했던 이유는 무엇일까요? 바로 스트레스! 아이는 스트레스를 어떻게든 풀고 싶었던 겁니다. 엄마 아빠는 못 때리니까 드럼이라도 두드리면 속이 풀릴 것 같았던 거지요. 미친 듯이 춤이라도 추면 스트레스가 해

소될 것 같았는데, 이 못난 엄마가 기를 쓰고 말린 겁니다.

그해 학예회가 있었습니다. 힙합 댄스부의 공연은 정말 인기가 높았습니다. 그 공연을 보며 아들은 무슨 생각을 했을까요?

'나도 저 무대에 설 수 있었는데, 원수 같은 엄마 때문에……'

이런 생각에 원망에 원망을 더했을 겁니다.

저는 그 학예회 무대에 우리 아들을 세우고 싶었습니다. 아들은 원하지도 않았는데, 제가 전국 대회에서 상을 받았던 클라리넷 연주로 출연하고 싶다고 학교 음악 선생님께 대신 신청했습니다. 마침 음악 선생님은 저의 고등학교 선배의 남편이어서 흔쾌히 승낙했습니다. 학예회 당일, 저는 아들이 죽어도 입기 싫다는 연미복을 억지로 입혀서 무대에 세웠습니다. 엄마의 강요에 못 이겨 무대에 선 아들은 짜증이 가득한 얼굴로 연주를 했습니다. 저는 무대에 선 아들이 자랑스럽고 흐뭇했습니다. 하지만 대중음악을 좋아하는 학생들에게 아들의 클래식 연주가 인기 있을 리 없지요. 그 학교 학생 누구도 듣지 않는 음악을 아들은 연주할 수밖에 없었습니다. 연주가 끝난 뒤 박수 치는 아이들은 거의 없었고, 저와 음악 선생님만 손바닥이 아플 정도로 박수를 치고 또 쳤습니다. 참으로 웃지 못할 코미디 같은 일이었지요.

여러분, 제가 만일 아들이 드럼 배우고 싶다고 했을 때, 힙합 댄스부에 가겠다고 했을 때, 그 이유를 진심으로 물어보고 배우게 했더라면 훗날 아이가 학교를 그만두는 일은 없었을 겁니다. 아이들이 뭘 하겠다고 할 때는 그럴 만한 이유가 있습니다. 아이가 무엇인가를 선택하면 거기에 반드시 지지적 피드백, 즉 다가가는 말이 필요합니다.

예를 들어 "너 밥 먹고 뭐 하고 싶어?"라고 물었더니 "저 게임하고 싶어요" 한다면 속에서 불이 나겠지요. 그렇다고 "뭐? 네가 지금 게임할 때니? 정신이 나갔구나" 한다면 이런 말들은 원수되는 말, 학대적 피드백이 됩니다. 속에서는 열불이 나더라도 일단은 지지적 피드백을 해 줘야 합니다.

"그래, 게임이 하고 싶어? 요즘은 어떤 게임이 재미있니? 얼마 동안 하면 좋을까?" 등의 질문을 해서 그것으로라도 대화를 나눌 수 있는 기회를 갖는 것이 중요합니다.

그래서 아이가 "엄마, 저 1시간만 할게요" 하면 "1시간 하고 싶구나. 그런데 엄마가 생각하기에는 네가 숙제도 있고 문제집도 풀어야 하고 할 일이 많아. 만약 1시간 동안 게임을 하면 오늘 할 일을 다 하지 못하거나 늦게 자게 되어 내일 아침에 일어나기 힘들까 봐 걱정이 되는데, 너는 어떻게 생각해?"라고 해서 아이 스스로 시간을 조정할 수 있도록 해 줘야 합니다.

아이가 원하는 것을 아이 마음대로 다 하게 하는 게 코칭은 아닙니다. 아이의 말을 지지해 주고 인정해 주지만, 스스로 생각해 바른 선택을 하도록 도와주는 게 코칭입니다. 누구나 무언가를 선택할 때는 그에 대한 이유와 근거가 있습니다. 선택을 존중해 주되 그 이유를 물어봄으로써 한 번 더 생각하게 이끄는 것이 중요합니다.

코칭 ❸

성공감을 느끼게 하라

코칭의 세 번째 핵심 요소는 바로 '성공감'입니다. 아이의 선택에 대해 지지적 피드백을 해 주면 아이들은 자신이 하는 일에 대해 성취감을 느끼게 됩니다. 그러면 동기 부여가 잘되어 다른 일도 잘 시도할 수 있지요.

아들이 군대를 제대한 후 어느 날, 저에게 다가와 말을 합니다. 군대를 다녀오더니 저를 어머니라고 부르기 시작했습니다.

"어머니, 저는 지금까지 살면서 단 한 번도 성공감을 느껴 본 적이 없어요."

각종 대회에 나가 수많은 상을 받은 데다가, 전교 1~2등에 전교 학생회장·부회장을 했던 아들이 한 번도 성공감을 느껴 본 적이 없다고 말하는데, 저는 가슴이 찢어질 것처럼 아팠습니다.

아들은 왜 성공감을 느껴 본 경험이 없었을까요? 그 이유를 저는 너무 잘 알고 있습니다. 제가 한 번도 아이 스스로 뭔가를 선택하게 놔두지 않았던 거죠. 각종 대회에 나가 상을 휩쓴 것도, 학생회장에 당선된 것도 다 제 작품이었던 겁니다.

쓰린 가슴으로 "무슨 소리야, 아들?"이라고 했더니 "저는 성공감을 느껴 본 적이 없어서 무엇을 시작하려면 정말 두려워요. 이제 제대를 했으니 뭔가 시작해야 하는데 뭘 해야 할지 모르겠어요. 다시 가슴이 답답해지고 미칠 것 같아요. 공황 장애가 다시 오는 것 같아 너무 힘들어요" 합니다.

아들은 고3 때 공황 장애를 앓았습니다. 전교 1등은 해야겠는데, 엄마의 계획과 강요로 공부를 하는 것에는 한계를 느꼈던 것입니다. 원하는 성적이 나오지 않으면 엄마는 난리를 칠 것이 뻔하고. 아빠 사업의 부도로 집안은 기울어져 가는데, 학교만 가면 가슴이 답답하고 불안하고 머리는 깨질 것 같이 아프고……. 이런 것이 공황 장애라는 것을 뒤늦게 알았다며 아들이 저에게 말했습니다.

"어머니, 저는 그때 살고 싶었어요. 학교만 가면 죽을 것 같아서 학교를 그만두고 싶었는데, 그때 저를 이해해 주는 사람, 제 말을 들어주는 사람은 단 한 사람도 없었어요."

그러면서 공황 장애가 다시 온 것 같다며 눈물을 줄줄 흘렸습니다. 그 모습을 보는 제 마음은 찢어지는 것 같았습니다.

절망 속에서 지내던 아들이 어느 날 저에게 이런 말을 합니다.

"어머니, 제가 중학교 때 드럼 배우고 싶다고 했던 것 기억하세요?"

"기억하지."

"지금이라도 다시 취미로 배우면 안 될까요?"

"이제는 되지. 이제는 엄마가 파충류가 아니라 영장류잖니. 인생이 얼마나 된다고. 네가 하고 싶은 일, 네 목숨을 해하거나 남에게 피해 주는 일 아니라면 다 해 봐. 엄마가 밀어줄게."

아들은 스스로 인터넷 검색해서 학원을 알아보고 드럼을 배우기 시작했습니다. 그리고 드럼 연습 도구를 구입해 소리가 밖으로 나갈까 봐 한여름에도 방문을 닫고 연습을 합니다. 드럼 채를 들고 나가는 날은 콧노래를 흥얼거립니다.

"그렇게 좋으니?"라고 물으면 "네, 어머니. 이제 사는 것 같아요. 감사합니다"라고 인사까지 합니다.

억지로 배운 피아노는 8년을 학원에 다녔어도 피아노 앞에 다시 앉아 보지도 않는데, 스스로 선택해서 배운 드럼은 누가 시키지도 않는데 매일 늦은 밤까지 연습을 합니다. 그리고 3개월쯤 지난 어느 날 금요 심야 기도회에 갔더니, 아들이 드럼 반주자로 떡하니 앉아 있었습니다.

요즘 각 교회에는 실용 음악 전문가인 교인들이 얼마나 많은지 모릅니다. 제가 다니는 교회도 마찬가지입니다. 음악 전공자들이 많아 악기를 만져 보기도 어려운데, 저희 아들이 드럼을 치고 있으니 의아했습니다. 알고 보니 드럼 전공자들은 집이 먼 관계로 1부 예배만 참석할 수 있어서 2부 예배를 드리는 늦은 시간에는 드럼 반주자가 없었던 것입니다. 그래서 아들이 해 보겠다고 하여 드럼 반주를 하게 된 것이었습니다.

어느 주일 아침에는 아들이 매우 일찍 일어났습니다. 아침마다 잠자리에서 일어나는 것을 몹시 힘들어하던 아이여서 무슨 일이냐고 물었더니, "오늘부터 초등부 교사를 해서 일찍 교회에 가야 한다"는 것이었습니다. 아들이 어떤 활동을 하는지 궁금해 초등부 예배실에 가 보니 역시나 드럼 반주를 하고 있었습니다.

그해 여름, 저는 여러 가지 문제로 경제적으로 힘들었던 터라 아들이 아르바이트하기를 마음속으로 원했지만, 아들은 그러지 않았습니다. 대신 교회의 여러 기관에서 주최하는 수련회에 열심히 따라갔습니다. 무엇을 하러 갔을까요? 드럼 반주하러 갔지요. 그렇게 열심히 봉사를 하더니 아들은 요즘 교회의 주요 행사에서 드럼을 도맡아 치고 있습니다. 비전공자가 전공자들을 제친 것입니다. 무엇보다 본인이 하고 싶은 일을 하면서 아들은 성취감과 성공감을 느꼈고, 덕분에 공황 장애와 우울증도 매우 많이 좋아졌습니다.

본인이 선택하고 그것에 대해 지지적 피드백을 받으면 성취감을 느낄 수 있습니다. 그리고 전두엽이 더욱 활성화되어 자긍심과 행복감을 느끼면서 잠재력을 발휘할 수 있게 되는 것입니다. 저는 이 사례를 통해서도 다시 한 번 절감했습니다.

매일 아침 엄마와
이별하는 아이들

아이의 전두엽 발달에 악영향을 미치는 또 하나의 요소는 분리 불안증입니다. 저처럼 직장에 다니는 엄마들은 아이를 누군가에게 맡길 수밖에 없습니다. 제가 출산할 때만 해도 육아 휴직은커녕 출산 휴가도 두 달뿐이었고, 그 두 달도 학교 눈치를 보며 쉬어야 했습니다. 저는 아들 때는 두 달을 쉬었지만, 딸을 낳고서는 7주 만에 출근해야 했습니다. 학기 초에 병가를 낸 선생님이 있어서, 일주일에 몇 번씩 교감 선생님이 전화해서 나와 달라고 부탁했기 때문입니다.

아이들을 키울 때는 시외할머니, 시부모님과 함께 살았고, 이웃에 사는 시이모님 내외가 매일 아침 우리 집으로 출근해 집안일을 도와주면서 아이들을 돌봐 줬습니다. 다섯 명의 양육자가 있었기 때문에 저는 걱정 없이 출근할 수 있었습니다. 그래도 아이들을 두고 학교에 나가는 것이 쉬운 일은 아니었습니다. 매일 아침 두 아이는 엄마를 따라가겠다며 울곤 했습니다. 그래서 아이가 잠든 사이 또는 아이가 장난감에 정신이 팔린 사이에 집을 나서곤 했습니다. "엄마 잠깐 슈퍼에 가서 네가 좋아하는 맛있는 것 사 갖고 올게"라고 거짓말을 하고선 사라진 적도 있습니다.

아이의 입장에서 생각해 봅시다. 눈떠 보니 엄마가 없고, 뒤돌아보니 엄마가 없고, 금방 오겠다던 엄마가 종일 나타나지 않습니다. 여러분은 사람을 기다려 본 적이 있습니까? 5분, 10분, 30분, 1시간이 지나도 오지 않는 엄마를 아이는 '어디 갔지? 왜 안 오지? 언제 오는 거지?' 생각하며 계속 기다리지 않겠습니까?

우리가 누군가를 그렇게 기다리면 어떨까요? '왜 연락도 없이 안 오는 거지? 나를 뭐로 보는 거야? 도대체 어떻게 된 거야?' 이렇게 온갖 생각으로 속에서 불이 올라오고 엄청나게 화가 날 겁니다. 한편으로는 불안한 마음도 있을 거고요. 그러다가 기다리던 사람이 나타나면 어떨까요? "왜 이렇게 늦게 왔어? 뭐 하다가 인제 왔어?" 하면서 원망 섞인 말로 항의를 하겠지요?

아이도 마찬가지입니다. 온종일 엄마를 기다린 마음을 울음과 짜증으로 표현하게 됩니다. 딸은 유난히 예민하여 툭하면 잘 울었습니다. 그때는 그저 태어나기를 그렇게 태어났다고 생각했습니다.

그런데 기어다니기 시작한 딸이 언제부터인가 해 질 무렵만 되면 베란다 쪽으로 기어가 그곳에서 놀았습니다. 시부모님이 거실로 데려다 놓으면, 아이는 울면서 다시 베란다로 가곤 했답니다. 왜 그랬을까요?

아이는 해 질 무렵이 되면 엄마가 베란다 쪽을 지나 집으로 들어온다는 사실을 알고 있었던 겁니다. 엄마를 더 빨리 보려고 베란다까지 힘들게 기어서 겨우 갔는데, 다시 거실로 데려오니 너무 화가 나 울었던 것입니다.

유난히 남아 선호 사상이 강한 다섯 명의 어르신들이 첫 손주이자 남자인 오빠를 더 챙긴다는 사실을 딸아이는 말은 못 하지만 느낌으로는 알고 있었습니다. 특히 시외할머니는 딸만 둘을 낳은 터라 아들에 목숨 건 분이었습니다. 그분은 기회가 될 때마다 "아들이 둘은 있어야 하는데……"라며 손자에 집착했습니다. 그러다 보니 증손녀보다는 증손자를 더 챙겼고, 증손자 장난감을 동생이 가지고 놀면 '오빠 것'이라고 빼앗곤 했습니다.

이런 분위기에서 지내는 딸은 자기를 가장 위해 준다고 생각했던 엄마를 그렇게 기다린 것입니다. 다섯 명이나 되는 분들이 잘 돌봐 줬지만 아이에게 가장 편안한 사람은 바로 엄마입니다. 10개월 동안 엄마 배 속에서 엄마와 이어진 탯줄로 영양을 공급받고 엄마의 심장 박동에 맞춰 호흡을 했습니다. 어린아이들이 엄마 품에 안겨 엄마의 심장 박동을 들으면 편안하게 잠자는 것도 바로 이 때문입니다.

아이가 엄마와 같이 있는 편안한 시간이야말로 전두엽을 발달시키는 매우 중요한 시간인데, 저는 그런 중요한 사실을 간과하고 있었습니다. 말은 못 해도 엄마를 기다리느라 불안하고 화가 난 우리 딸의 뇌는 전두엽 발달의 기회를 많이 놓치고 있었던 것입니다.

퇴근해서 들어오면 아이가 나를 향해 쫓아옵니다. 그러면 어떻게 해야 할까요? 아이를 꼭 안아 주며 "엄마 없이도 잘 놀았구나? 엄마는 학교 가서 언니 오빠들 열심히 가르치고 왔어. 우리 딸은 뭐 하고 놀았어? 엄마 없이 잘 놀아 줘서 고마워"라며 인정해 주고 존중해 주며 사랑을 표현해야 합니다.

그런데 저는 이미 학교 일로 지쳐 있었고, 집에서 처리할 일들을 생각하니 다시 집으로 출근하는 기분이 들어 마음이 편치 않았겠지요?

그래서 아이가 가까이 오면 "가서 할머니랑 놀아, 할아버지한테 가 봐, 오빠랑 놀아"라고 했으니 아이는 섭섭하기 그지없었을 것입니다.

저녁을 먹고 치우고 이것저것 정리를 하고 나면 몸이 천근만근입니다. 그런데 아이는 잠을 잘 자지 않습니다. 아이를 업고 베란다를 왔다갔다 하며 억지로 재웁니다. 우리나라 자장가를 부르다 세계 여러 나라의 자장가를 부르면 살짝 잠이 듭니다. 그러면 얼른 침대에 가서 눕힙니다. 그런데 침대에 등이 닿는 순간, 아이가 눈을 똑 뜹니다.

아이는 왜 잠을 자지 않을까요? 말도 못 하는 아이가 엄마 눈을 바라보며 '엄마, 나랑 놀아 줘. 나 종일 엄마 기다렸단 말이야.

나 자기 싫어. 엄마랑 놀고 싶어' 이런 소리 없는 아우성을 보내고 있었던 것입니다.

그런데 저는 아이의 그런 마음을 무시한 채 "넌 왜 이렇게 잠도 없니? 왜 안 자고 눈을 또 뜨니? 엄마 피곤해 죽겠는데. 정말 미치겠다"라고 오히려 아이에게 짜증을 내곤 했습니다. 딸아이 마음이 편했을 리 없고 당연히 파충류의 뇌만 발달했겠지요? 그때를 생각하면 아이에게 얼마나 미안하고 또 미안한지, 세월을 돌려 다시 그 시절로 갈 수만 있다면 어떤 대가라도 치르고 싶은 마음입니다.

이 땅의 수많은 직장 다니는 분이 이 글을 읽고, 정말 중요한 자녀의 시기를 놓치지 않기를 바라는 마음 간절합니다. 요즘 국가에서는 아이들을 어린이집에 맡기도록 지원해 줍니다. 유치원에는 에듀 케어, 초등학교에는 돌봄 교실이라는 제도를 만들어 아이들이 늦은 시간까지 그곳에서 지내다 집으로 돌아가게 됩니다.

이것도 좋은 정책이지만 열 살 이전에는 엄마가 아이를 직접 키우도록, 그게 어렵다면 적어도 세 살까지만이라도 엄마가 아이를 키울 수 있는 국가적인 제도가 필요하다고 강력하게 주장하고 싶습니다.

어쩔 수 없이 엄마가 세 살 이전 아이를 두고 직장에 다닐 수밖에 없다면 어떻게 해야 할까요? 아이가 아무리 어릴지라도 "엄마는 ○○시부터 직장에 가서 이런저런 일을 한단다. 엄마가 직장에 가 있는 동안 너는 할머니랑 할아버지랑 놀아야 해. 엄마 없어도 잘 놀 수 있지?"라고 말해 주세요. 그렇게 아이 마음이 불편하지 않게 해 줘야 합니다.

6부

코치형 부모는
어떻게 대화할까

코칭 대화는
어떻게 하는 걸까?

이 장은 한국코칭센터 김경섭, 김 영순 박사님께 배운 내용을 참고하여 썼습니다.

코칭 대화는 적어도 30분 이상은 할 수 있어야 합니다. 그런 데 30분 이상 일상적인 수다를 떨듯 하라는 것은 아닙니다. 그 대화를 통하여 내가 좀 더 나은 내가 되기 위해 해결하고 싶은 문제는 무엇인지, 그 문제가 어떻게 해결되기를 바라고 있으며, 그렇게 되는 것이 어떤 의미가 있는지 고민할 수 있는 기회를 제공해야 합니다. 또한 그 의미가 담긴 목표를 달성하길 원하는 자신은 어떤 사람이고, 어떤 장점을 가졌는지 깨달을 뿐만 아니라, 나아가 잠재된 능력까지도 발휘하도록 해 주어야 합니다.

이때 일정한 대화의 코스가 있다면 대화하기가 수월할 것입니다. 이것을 '코칭 대화 프로세스'라고 합니다. 고급 음식점에 가면 코스 메뉴가 있습니다. 우리들은 나오는 대로 먹지만, 그 코스는 요리사나 음식 전문가들이 여러 연구를 통하여 구성한 것입니다. 고객들이 어떤 순서로 먹으면 더 맛있다고 느끼고, 영양적으로도 소화가 잘 될지를 고민하여 정한 것입니다.

코칭 대화 프로세스도 마찬가지입니다. 코칭 전문가들이 대화를 하다 보니 일정한 코스를 정하여 대화하는 것이 좋다는 것을 알게 되어 정한 것입니다. 이 대화 모델대로 연습을 하다 보면 그 누구와 대화를 하든 코치형 대화를 할 수 있습니다.

다음은 한국코칭센터에서 활용하고 있는 '코칭 대화 모델' 5단계입니다.

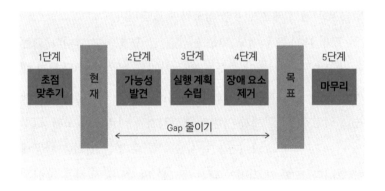

우리의 의식이나 무의식 속에는 이루고자 하는 목표가 있습니다. 그런데 현재 상황은 목표와 큰 간극이 있습니다. 현재 상황과 목표의 간극이 크면 클수록 갈등도 커지게 됩니다. 목표와 현재 상태의 간격 줄이기를 위한 프로세스가 위 '코칭 대화 모델'입니다. 이 프로세스의 첫 글자만 따면 '초가실장마'가 됩니다. 가운데 실행 계획의 '실'을 '집실(室)'이라고 생각하여 '초가집장마'라고 기억하면, 코칭 대화를 할 때 아주 유용하게 사용할 수 있습니다. 각 단계별로 주요 내용을 표로 정리하면 다음과 같습니다.

코칭 대화 프로세스 주요 내용

단계	주요 내용	세부 내용	비고
1	초점 맞추기 (목표)	· 대화할 수 있는 라포르(상호 신뢰 관계) 형성 · 코칭 대화 주제 정하기 · 현재 상황과 달성 목표와의 차이 분명히 하기	마음 열기 분위기 조성
2	가능성 발견 (방법)	· 질문을 통해 가능성 발견하기 · 다양한 방법, 가능성 찾기 · 가능한 방법의 귀결 검토	가능한 모든 방법 생각
3	실행 계획 수립 (계획)	· 추상적 목표가 아닌 구체적, 실천 가능한 목표 · 정확한 시기, 방법 정하기	구체적인 숫자 활용
4	장애 요소 제거 (걸림돌 제거)	· 있을 수 있는 어려움, 장애 요소 파악 · 주변에서 도움받을 방법, 내용 알아보기	주변 인물 협조
5	마무리 (요약)	· 알게 된 것이 무엇인지 정리 · 다음 코칭까지 해야 할 일 등에 대해 약속	할 일 확인

단계별 질문 내용

단계	주요 내용	세부 내용
1	초점 맞추기	· 오늘 어떤 이야기를 해 볼까? · 이야기를 하고 싶은 이유는 무엇이지? · 그것을 더 분명하게 표현한다면 뭐라고 할 수 있을까?
2	가능성 발견	· 너는 그것이 어떻게 되면 좋을 것 같니? · 그렇게 되면 무엇이 좋을까?
3	실행 계획 수립	· 네가 원하는 대로 되기 위해 무엇을 해 보면 좋을까? · 중간 목표는 어떻게 세우는 것이 좋을까? · 그것이 잘되고 있다는 것을 어떻게 알 수 있겠니?
4	장애 요소 제거	· 그것을 하는 데 어려운 점이 있을까? · 그것을 어떻게 극복할 수 있을까? · 그것을 위해 누구에게 도움을 청할 수 있을까?
5	마무리	· 오늘 어떤 이야기를 나누었는지 정리해 볼까? · 이야기를 하고 어떤 생각이 들었어?

아이들과의 관계를
획기적으로 바꿔 준 '감정 코칭'

코칭을 배우면서 아이들과의 관계가 눈에 띄게 좋아졌습니다. 그동안 엄마를 원수처럼 보던 아이들이 저와 대화를 하기 시작했습니다. 그런데 대화를 하면서 늘 어딘가 답답했습니다. 뭔가 2퍼센트 부족한 느낌이 들었습니다. 그러던 중 최성애 박사님의 '감정 코칭' 강의를 듣게 되었습니다.

강의 중 '대화의 세 종류'를 알게 된 저는 답답하던 가슴이 뭔가 뻥 뚫리는 시원함을 느꼈습니다.

"바로 이거였구나!"

그동안 많은 노력을 해도 아이들과의 관계가 만족할 만큼 좋아지지 못했던 이유가 바로 저의 '원수 되는 대화' 때문이었다는 것을 깨닫게 되었습니다. 아무리 코칭이 좋고, 우리 아이들에게 코칭을 해 주고 싶어도, 아이들이 마음을 열고 받아들이지 않으면 아무 소용이 없습니다. 감정 코칭은 이렇게 아이가 마음의 문을 닫고 있거나, 화가 나서 안정이 필요할 때 시도하면 매우 좋은 코칭법입니다. 감정 코칭을 알게 되면 우리 아이들과 대화할 때 정말 유용하므로, 좀 더 자세하게 알아보도록 하겠습니다.

앞에서 삼위일체의 뇌에 대하여 언급했습니다. 사람들이 스트레스를 받거나 화가 나면 심장 박동이 빨라지면서 파충류의 뇌에 피가 많이 몰린다고 한 거, 기억나시나요? 다시 제정신으로 돌아오려면 어떻게 해야 할까요? 심장 박동이 빨라져서 파충류의 뇌에 피가 많이 몰렸으니, 심장 박동을 잠잠하게 하면 피가 영장류의 뇌로 다시 돌아갈 겁니다.

심장 박동을 잠잠하게 하는 가장 쉽고 간단한 방법은 첫 번째, 화가 난 사람을 더 이상 자극하지 말고 가만 놔두는 것입니다. 심장이 벌렁거리며 요동치다가도 30분쯤 지나면 관성의 법칙으로 제 리듬을 찾게 됩니다. 그래서 화를 엄청 크게 냈다가도 30분쯤 지나면 대부분의 사람들이 후회합니다.

'좀 참을 걸 그랬네. 괜히 화내고 소리 질렀어. 아, 창피해.'

두 번째 방법은 명상입니다. 명상은 심장 박동을 잠잠하게 하는 연습을 하여 심장 근육이 어떤 자극에도 쉽게 벌렁거리지 않고, 제 리듬을 지킬 수 있도록 합니다. 즉, 파충류의 뇌가 너무 활성화되는 것을 막기 위한 훈련입니다. 그런데 가장 좋은 명상은 '감사 명상'이라고 합니다. 감사한 생각을 하면 마음이 편안해지고, 심장 박동이 규칙적으로 되어 전두엽이 활성화되기 때문이지요. 그래서 최성애 박사님은 '감사 일지' 쓰는 것을 아주 중요하게 생각하며 권장하고 있습니다.

세 번째, 감정의 뇌를 건드려 주는 방법입니다. 화난 감정이 다스려지는 데는 최소 30분이 소요된다고 했습니다. 그런데 대화의 상대가 화를 낼 때 이렇게 말한다고 생각해 보세요.

"당신은 지금 파충류 상태이니 제정신이 아닐 겁니다. 30분 있다가 다시 이야기합시다."

사태가 더욱 악화되겠지요? 그리고 30분을 기다리는 것도 쉽지 않습니다. 그래서 그럴 때 시간을 단축하는 방법을 심리학자와 뇌 과학자들이 연구했습니다. 뇌의 구조를 살펴보면, 파충류의 뇌에서 영장류의 뇌로 가려면 반드시 포유류의 뇌, 즉 감정의 뇌를 거쳐야 합니다. 그래서 학자들은 생각합니다.

'감정의 뇌를 건드려 주면 피가 빨리 돌지 않을까?'

그런데 뇌를 열고 직접 건드려 주면 그 사람이 죽습니다. 그러니 옆에 있는 사람이 '말'이라는 도구로 뇌를 대신 건드려 주는 것입니다.

"많이 속상했구나. 얼마나 힘들었니."

"얼굴을 보니 많이 화가 났나 보다. 슬퍼 보여."

이런 감정의 말로 감정의 뇌를 자극해 줬더니 신기하게도 전두엽으로 피가 가는 시간이 10~15분으로 단축된다는 사실을 알아냈습니다.

이것이 바로 '감정 코칭'입니다. 그래서 감정 코칭은 뇌 과학에 근거하여 만들어진 과학적인 코칭입니다. 최성애 박사는 감정 코칭의 정의를 이렇게 말하고 있습니다.

'사람의 감정이나 바람(희망 사항)은 수용하고 행동을 코칭하여 바람직한 방향으로 이끌어 주는 것으로, 사람과 사람 사이 마음을 전달하는 사랑의 기술(관계의 기술).'

우리들은 흔히 아이의 감정을 보기보다는 행동부터 보는 실수를 저지릅니다. 그래서 아이의 감정을 무시하고 행동을 수정해 주려고 합니다. 그러면 아이는 더욱 격한 감정을 보이고, 부모는 격해진 아이를 더 격하게 꾸짖게 되니 악순환이 계속되는 것이지요.

감정 코칭을 처음 연구한 분은 하임 기너트(1922~1973년) 박사입니다. 기너트 박사는 이스라엘에서 태어난 분으로 아이들에게 관심이 많아 교사가 되었습니다. 그러나 학생들이 자기 마음처럼 움직여지지 않는다는 것을 알고는 교사를 그만두었습니다. 이후 컬럼비아대학에서 아동 심리학을 공부하며 상담 치료사로 활동하면서 수많은 연구와 임상 실험을 통해 놀라운 사실을 깨달았습니다. 아이의 행동을 고쳐 주는 것은 매우 어려운 일이지만, 감정을 받아 주면 효과적으로 수정할 수 있다는 것입니다.

그래서 기너트 박사는 이렇게 주장합니다.

아이의 행동보다 감정을 먼저 이해하라.
감정을 받아 주고 행동을 제한하라.
아이의 기분(감정)을 무시하지 마라.

행동을 문제 삼되 아이의 인격을 꾸짖지 마라.

기너트 박사는『부모와 아이 사이』(1965),『부모와 십대 사이』(1967),『교사와 학생 사이』(1972)라는 3부작을 펴냈는데, 이 세 권의 책은 모두 교육학의 성서라고 할 만큼 아이를 이해하는 데 매우 중요한 책입니다.

이 책을 처음 만난 것은 우리 아이들 유치원 다닐 때였습니다. 당시 극성 엄마였던 저는 없는 시간을 쪼개 유치원 행사에 앞장서서 참여하고 도왔습니다. 그래서인지 큰아이가 유치원을 졸업할 때 감사장과 함께 아이 담임 선생님으로부터『부모와 아이 사이』를 선물로 받았습니다.

그때는 이 책에 큰 관심을 두지 않았습니다. 몇 페이지를 읽었는데 별로 재미가 없었습니다. 게다가 그때는 이 세상에서 내가 아이를 제일 잘 양육한다고 착각했기 때문에 그 책의 필요성을 별로 느끼지 못했습니다.

그런데 아이들이 학교를 그만둔 후 코칭 공부를 하면서 이 책이 얼마나 소중한지 깨달았습니다. 우리 아이 유치원 선생님이 그때 왜 이 책을 선물했는지도 깨달았습니다. 선생님이 보기에도 저와 우리 아이의 앞날에 힘든 일이 있을 것 같았던 거 아닐까요. 선생님이 저에게 "어머니께 꼭 필요한 아주 좋은 책입니다. 읽어 보시면 두 아이 키우는 데 도움이 될 거예요"라고 말한 이유를 오랜 시간이 지난 후에야 알 것 같았습니다.

이혼하는 부부들의
공통점

기너트 박사를 이어 감정 코칭을
체계화한 사람은 존 가트맨 박사입니다. 가트맨 박사는 어렸을 적
지독한 왕따를 당했고, 훗날 이혼의 아픔을 겪게 됩니다. 쉽게 재
혼 상대를 찾지 못하던 가트맨 박사는 같은 대학의 비슷한 처지
의 수학과 교수를 만나 자주 저녁을 먹으며 서로를 위로하다가
의기투합하여 여러 연구에 관심을 가지게 됩니다. 특히 이혼의
아픔을 겪은 두 학자는 결혼에 맺힌 한이 있었는지 '어떤 부부는
잘 살고 어떤 부부는 헤어지는가?'에 대해 관심을 갖기 시작했습
니다.

그 후 가트맨은 무려 50년 가까이 3000쌍의 부부를 연구하
게 됩니다. 가트맨 박사는 연구 대상 부부들이 있는 각 방에 영상
녹화 장치를 설치하고, 각각의 부부들이 생활하는 모습을 녹화해

분석했습니다. 그 결과, 결혼도 과학이라는 사실을 발표했습니다.

가트맨 박사는 특히 부부 싸움에 관심이 많았습니다. 그래서 부부 싸움을 할 때의 내용, 억양, 음성, 눈빛, 자세, 표정, 혈압, 맥박 등을 미세 단위로 나눠 관찰하고 분석했습니다. 사람들은 서로 좋아하는 마음으로 결혼을 하지만, 이혼을 하게 되는 경우도 있습니다. 이혼한 부부에게 이유를 물으면 대체로 '성격 차이, 경제적 문제, 시댁 또는 처가와의 갈등, 배우자의 외도 혹은 폭력, 술, 도박 문제' 등을 언급합니다. 여러분은 어떤 문제가 있으면 배우자와 살지 못할 것 같은가요? 성격? 외도? 폭력? 사실 우리는 이 모든 것을 용서할 수 없습니다.

그런데 가트맨 박사는 이런 이유 때문에 부부가 헤어지는 것은 아니라고 말합니다. 부부가 이혼하는 진짜 이유는 싸움의 '내용'이 아니라 싸우는 '방식(대화의 방식)' 때문이라는 겁니다. 그리고 박사는 대화의 종류를 다음 세 가지로 나눴습니다.

원수 되는 대화 vs 멀어지는 대화 vs 다가가는 대화

그럼 이혼하는 부부는 어떤 대화를 많이 하고 살았을까요? 원수 되는 대화를 밥 먹듯이 하고, 멀어지는 대화는 양념으로 치고 살더라는 겁니다. 그리고 다가가는 대화를 거의 하지 않고 살고 있었습니다. 그런데 꼭 사이가 나빠야 원수 되는 대화를 하는 것은 아닙니다.

예를 들어, 아내가 미용실에 가서 오랜만에 비싼 돈을 들여 젊어 보이는 스타일로 커트를 하고 집으로 돌아왔습니다. 남편은 머리를 잘랐는지 볶았는지 잘 모르는 경우가 많습니다. 그래서 남편이 저녁에 귀가하자마자 일단 확인을 합니다. "나 미장원 갔다 왔는데 내 머리 어때요?"라고 묻습니다. 어떤 말이 듣고 싶을까요? "아주 예쁘네" 이런 말을 들으면 좋겠지요? 그런데 그 말만 들으면 뭔가 2퍼센트 부족한 기분이 듭니다. 그래서 좀 길게 듣고 싶습니다. 이렇게 말해 주면 얼마나 좋을까요?

"잘 어울리네~. 십 년은 젊어 보여! 그 미장원은 앞으로 당신 때문에 손님이 많아지겠어."

이런 대화가 자주 오간다면 부부 사이가 더욱 좋아지겠지요? 하고 싶은 말을 하는 게 아니라, 상대가 듣고 싶은 말을 해야 합니다. 이런 대화를 '다가가는 대화'라고 합니다.

그런데 "내 머리 어때요?"라고 물었더니 "아니 무슨 머리가 그래? 돈 들이고 그렇게 미워질 수가 있나? 당신은 그 나이에 그 머리가 어울린다고 생각해? 주제 파악을 해야지. 얼굴이 더 커 보이네" 이런 말을 들었다면 어떨까요?

남편이 아내를 사랑하지 않아서 이런 말을 한 것은 아닙니다. 그냥 아이들 말로 장난으로 웃자고 하는 말일 수 있습니다. 이런 원수 되는 대화는 남편들만 하는 말은 아닙니다. 아내들은 어떤가요? 남편과 제가 같이 길을 가다가 다른 사람을 만나게 되면 이런 말을 자주 들었습니다. "어머 이 집 남편은 어쩜 이렇게 젊어 보여? 나이를 거꾸로 먹는지 항상 똑같아요. 그냥 보면 총각이라 하겠어요." 그러면 저는 "속이 없어서 그래요, 속이! 생각을 안하고 살아요. 생각을 안하고 사는데 늙을 일이 뭐가 있겠어요. 그러니 나만 늙지요"라고 하곤 했습니다. 제가 저희 남편을 사랑하지 않아서 이런 말을 한 건 아닙니다. 뭔가 우리에게 인사성 멘트로 말해 준 그분에게 저도 무엇인가 리액션을 해 주어야 하는데, 내가 겸손하다는 것을 나타내려고 남편을 깔아뭉개며 이런 말을 아무렇지도 않게 내뱉곤 했습니다. 멀어지는 대화를 한 것이지요. 그러면 이런 연구를 한 가트맨 박사는 그 후 재혼을 했을까요, 못 했을까요? 줄리 가트맨 박사와 재혼해서 아주 잘 살고 있습니다. 지금은 세계적인 가트맨식 부부 치료 방법을 체계화하여 많은 부부 치료사들을 배출하고, 가정 살리기에 앞장서고 있습니다.

우리나라 최성애 박사는 미국 유학 중 존 가트맨 박사를 만나 감정 코칭 및 가족 치료를 공부하며 '감정 코칭'의 중요성을 알게 되었습니다. 그리고 아시아 최초로 가트맨 박사의 부부 치료사 자격을 취득하고, 뇌 과학 및 심장 과학적 접근으로 감정 코칭 교육을 시스템화했습니다. 마침내 한국감정코칭협회를 창립해 세계 여러 나라에 감정 코칭을 소개하고 전파하고 있습니다.

대화의 세 종류 ❶

원수 되는 대화

가트맨 박사가 연구한 대화의 세 종류는 저에게 큰 충격과 깨달음을 줬습니다. 우리 아이들 어렸을 때 했던 말들이 모두 '원수 되는 대화'였다는 사실을 알게 되었기 때문입니다.

어려서부터 원수 되는 말을 듣고 자란 우리 아이들은 무슨 생각을 했을까요? 원수 되는 대화를 듣고 자라면 원수 갚을 일을 생각합니다. 언젠가 복수를 하겠다는 무서운 생각이 자신도 모르게 생기게 되는 것입니다. 아이들 복수는 '어떻게 하면 우리 부모님이 가장 마음이 아프고 속이 터질까' 바로 그 방법을 생각하는 것이지요. 우리 집 아이들이 저에게 복수한 방법은 바로 '학교를 그만두는 것'이었습니다. 엄마가 가장 중요하게 생각하는 것은 학교라고 생각하였고, 그래서 학교를 그만두는 것이 엄마 마음을 가장 힘들게 하는 것이라고 결론을 내린 것이지요.

아이들이 복수하는 방법은 참으로 다양합니다. 어떤 아이는 학교에서 다른 친구들을 때리고, 어떤 아이는 가출을 합니다. 같은 집에 살아도 대답도 하지 않고 눈도 마주치지 않으면서 부모 속을 뒤집어 놓는 아이도 있습니다. 자신도 모르는 사이에 범죄를 저질러 부모를 힘들게 하기도 합니다. 결국 부모가 무심코 던진 '원수 되는 말들'이 부모와 아이의 관계를 망치는 무서운 파괴력을 갖고 있는 것입니다.

'원수 되는 말'의 종합 4종 세트로는 '비난, 방어, 경멸, 담쌓기'가 있습니다. 가트맨 박사는 이 네 가지를 가정을 파괴하는 독이라고 했습니다. 이런 말 때문에 부부 사이가 나빠지고 이혼까지 가게 되는 것입니다.

원수 되는 '네 가지' 대화를 구체적으로 알아봅시다.

비난의 말

- 너는 도대체 어떻게 된 아이가~.
- 정말 잘하는 게 뭐가 있니?
- 도대체 일을 왜 이따위로 해?
- 도대체 뭐 하느라고 이제 오는 거야?
- 이걸 일이라고 했어?
- '맨날, 언제나, 한 번도, 절대로, 결코, 항상, 왜'가 들어가는 모든 말.

이런 비난의 말은 상대가 인격적, 성격적으로 문제가 있다는 뉘앙스를 풍깁니다. 저는 저런 말이 아니면 아예 입을 열지 못했던 것 같습니다. 아침에 일어나자마자 제가 두 아이에게 한 말입니다.

"너희는 도대체 왜 이렇게 늦게 일어나니? 엄마가 뭐라 했니? 일찍 자라고 했잖아. 그런데 왜 맨날 늦게 자서 아침에 늘 늦게 일어나는지 이해가 안 된다. 해 주는 밥도 못 먹고 가니?"

몇 글자 되지도 않는 문장에 원수 되는 비난의 말이 수두룩합니다. 이런 비난의 말들을 'You Message'라고 합니다.

저녁에 남편에게는 뭐라고 했을까요?

"당신은 도대체 뭐 하느라 맨날 늦어? 왜 허구한 날 늦게 들어와? 얼굴 보기가 힘들어. 애들 얼굴 잊어버리겠어. 돈은 당신 혼자 다 벌어?"

저에게 비난의 말을 들은 아이와 남편은 무슨 생각을 했을까요?

그럼 비난의 말의 해독제는 무엇일까요? 가장 중요한 것은 목소리 톤을 낮추고, 부드럽고 잔잔하게 이야기하는 습관을 기르는 것입니다. 그리고 객관적인 상황을 얘기하고, 나의 감정을 표현합니다. 내가 원하는 바를 긍정적, 구체적으로 말하면 됩니다. 예를 들어 위의 비난의 말들을 이렇게 바꿀 수 있습니다.

"○○야, 엄마는 우리 ○○이가 아침에 일찍 일어나 엄마가 해 주는 맛있는 밥 먹고 가면 좋겠어. 지금 일어나면 어떨까요?"

"여보, 나는 당신이 늦어도 8시까지는 들어와서 아이들과 저녁 먹고 가족끼리 이야기하는 시간을 가지면 좋겠어요."

이렇게 내가 원하는 것을 긍정적으로 구체적으로 말하는 것이 'I Message'입니다.

방어의 말

- 그러는 너는 뭘 잘했는데?
- 너도 그랬잖아.
- 왜 나만 잘못했다고 그래?
- ○○가 더 잘못했는데 왜 나한테만 그러는 건데?
- 네 탓이지, 내 탓이냐?

비난의 말을 들으면 대부분 공격받았다고 생각합니다. 그래서 자신의 결백이나 무고함을 주장하고, 비난으로부터 자신을 보호하려는 의도에서 바로 방어에 들어갑니다. 그런 말들을 우리는 '물귀신 작전'이라고 합니다. 나만 당하는 것이 싫어서 다른 사람도 끌고 들어가는 것이지요. 이런 비난은 상대방의 감정을 더 악화시켜 대화가 험해지게 됩니다. 따라서 방어식 싸움은 지겹도록 싸우고도 결론이 나질 않습니다. 엄마가 "너희 왜 이렇게 소리를 지르니?"라고 야단을 치면 아이들은 "엄마도 소리 지르잖아. 엄마도 맨날 그러면서"라고 합니다. 다시 엄마가 "내가 언제 그랬어? 너희가 소리 지르게 하니까 나도 소리 지르지. 괜히 할 일 없이 소리 지르겠어? 나도 우아하게 살고 싶어. 그러니까 너희들이 말을 잘 들어야 할 것 아니야"라고 말합니다. 서로에게 책임을 돌리는 대표적인 방어의 예입니다.

그럼 방어의 말의 해독제는 무엇일까요? 방어하는 데 급급하지 말고, 조금이나마 진심으로 말하는 것입니다. 자신의 책임을 부분적으로 인정하며 '요새, 이번에는, 이번 주엔, 오늘은'이라는 말을 사용하면, 서로의 대화에 조금의 물꼬가 트입니다. 그럼 엄마의 방어 대화를 해독제를 사용하는 말로 바꿔 볼까요?

"그러게, 엄마가 이번 주 정말 소리를 좀 많이 지른 것 같아. 오늘은 더 그랬네. 요즘 엄마가 예민해졌나 봐. 엄마는 너희들이 엄마가 좋은 말로 말할 수 있도록 도와주면 좋겠다."

이렇게 말하면 집안 분위기가 훨씬 부드러워지겠지요?

경멸의 말

- 네 주제 파악이나 좀 해라.
- 어휴, 이 돼지야.
- 이 멍청아, 돌대가리야.
- 그 얼굴에 화장을 하면 뭐가 달라져?
- 그 다리에 짧은 치마가 어울려?
- 쓸모없는 놈 같으니라고.
- 넌 정말 구제 불능이야!
- 나중에 뭐가 되려고 그래?

- 뭐 할 줄 아는 게 있어야지.
- 넌 누굴 닮아 맨날 그 모양이니?
- 네가 하는 일이 다 그렇지!
- 내가 너 때문에 정말 미치겠다.
- 동생만도 못하니?
- 엄마 친구 아들은 뭐든지 잘하더라.
- 도대체 왜 그러니? 한심하다, 한심해.

이런 말들은 별생각 없이 흔히 가깝다고 생각하는 사람에게 무심코 내뱉는 말들입니다. 그리고 장난이었다고, 농담이었다고, 다 웃자고 한 이야기였다고 합니다. 그런데 이런 경멸의 말은 자신이 상대보다 우월한 위치에 있다고 생각해서 나오는 말입니다. 지적·도덕적·인격적 우월감에서 나오고, 적개심의 표현이기도 합니다.

경멸의 말을 많이 하는 사람은 상대의 긍정적인 면보다 부정적인 면을 먼저 보는 습관이 있습니다. 가트맨 연구에 의하면 경멸의 말을 하거나 듣고 사는 사람은 그렇지 않은 사람보다 질병 발생률이 40배 많고, 경멸은 이혼의 가장 확실한 예측 인자라고 합니다.

자신이 싫어하는 별명을 부르면 과하다고 느껴질 정도로 예민하게 반응하는 아이들이 있습니다. 별명을 부른 아이는 "장난으로 그랬는데 뭘 그러느냐?"며 대수롭지 않게 넘깁니다. 그러나 본인이 싫어하는 별명을 부르는 것은 경멸에 해당합니다. 사람의 감정을 매우 상하게 하기 때문에 원하지 않는 별명은 부르지 않아야 합니다. 아이가 통통하면 귀엽다고 '꽃돼지'나 '복돼지', 말랐으면 '막대기'나 '멸치'라고 부르기도 하지요. 그런데 부모님이 자녀에게 혹은 부부 사이에 사랑스러워서 한 말이라도 상대방의 마음에 거리낌이 있다면 경멸에 해당하는 것이므로 하지 않아야 합니다.

경멸의 말의 해독제는 무엇이 있을까요? 무엇보다 인정, 지지, 칭찬과 존중(배려, 감사)의 표현을 매일 반복해서 '이 닦기'처럼 습관화하는 일이 중요합니다. 좋은 관계를 유지하려면 긍정적인 말을 다섯 번 하고, 부정적인 말은 한 번 정도 해야 합니다. 관계의 달인들은 긍정적인 말을 스무 번 정도 하고, 부정적인 말을 한 번 한다고 합니다. 경멸의 말 대신 이런 말을 쓰면 정말 좋겠지요?

"네가 참 자랑스럽단다."

"너만 보면 든든해!"

"나는 널 믿는다."

"넌 잘할 수 있을 거야."

"너와 함께할 수 있어 정말 행복하다."

"네가 엄마 아들(딸)로 태어나 줘서 고마워."

담쌓기

• 그래, 너 혼자 잘 떠들어라.

- 얼씨구, 잘해 봐라.
- 신물 나고 지겹다.
- 나도 지쳤다.
- 그저 안 보는 게 마음이 편해.
- 어휴, 지겨워. 그만하자.

담쌓기란 상대방이 같은 방에 있는데도 반응을 회피하는 것입니다. 기본적으로 상대의 말을 듣고 있다는 표시를 안 하고 시선을 피하거나, 다른 곳을 보거나, 팔짱을 끼고 있는 식이지요.

남편은 내성적인 데다 유난히 말수가 적어 담쌓기를 자주 했습니다. 제가 비난, 방어, 경멸의 원수 되는 대화를 수시로 하면 입을 꾹 다물고 말을 하지 않았습니다. 이런 남편이 너무 답답해서 저는 늘 "제발 말 좀 해. 어휴, 속 터져 죽겠다. 도대체 무슨 생각을 하는지 모르겠어. 왜 말을 안 해. 당신같이 답답한 사람하고 살기 정말 힘들어"라고 다그쳤습니다.

그러면 남편은 "똑똑한 당신한테 내가 말로 해서 당해? 내가 무슨 말을 해도 당신이 뭐라 할 테니 난 할 말이 없어. 말하면 말꼬리 잡는데 뭐 하러 해. 당신 같은 사람하고 사는 나도 힘들어"라며 입을 다물었습니다. 자꾸 채근을 하면 남편은 화를 버럭 내고 나가 버립니다. 현관문을 쾅 닫고 나가는 뒤통수에 대고 저는 "문제를 해결하고 가야지, 왜 나가. 나가면 해결이 돼?"라고 화를 냈습니다. 그래도 남편은 말대꾸도 없이 사라졌습니다. 그게 더 화가 나서 전화를 하면 전화도 받지 않고 연락을 끊어 버립니다. 저의 비난과 경멸에 남편은 방어와 담쌓기를 한 것이지요. 남자들이 말을 안 할 때는 침묵으로 이렇게 말하는 것이라고 합니다.

"그만해. 제발 그만해. 당신이 조금만 더 하면 내가 집안 살림을 다 부숴 버릴지도 몰라. 당신을 내가 때릴지도 몰라. 제발 여기까지만."

담쌓기의 해독제는 무엇일까요? 무엇보다 그 자리에서 문제를 당장 해결하려 하지 말고, 스스로 진정 후 대화를 재시도하는 것이 중요합니다. 담쌓기는 최대 하루를 넘기지 않는 것이 본인 건강과 관계 회복에 도움이 됩니다. '명상, 심호흡, 걷기, 음악 듣기, 기도' 등은 자기 진정에 매우 효과가 좋습니다. 특히 걷기는 자기 진정에 가장 쉽고 효과적인 방법일 뿐만 아니라 건강에도 좋습니다. 어려서 걷기를 많이 하면 걷는 근육이 발달되어 커서도 잘 걸을 수 있습니다. 요즘은 부모님들이 바쁜 자녀를 위한다는 명목으로 차를 태워 줘서 걸을 기회조차 사라지고 있습니다. 오히려 자녀들의 정신적, 신체적 건강에 좋지 않은 영향을 줄 수 있습니다. 기회가 되면 자주 걷게 해 주세요.

대화의 세 종류 ❷

멀어지는 대화

멀어지는 대화는 원수 되는 대화
보다는 감정을 덜 상하게 하지만, 막상 들으면 민망해지고 썰렁한
분위기를 느끼게 하는 말입니다. 갑자기 화제를 돌리거나 엉뚱한
소리를 하며 상대의 말에 대꾸하지 않는 경우입니다. 이런 말을
듣게 되면 무시당하는 기분이 들면서 상대방과 멀어지는 느낌을
받습니다. 또한 부정적인 감정이 상승합니다.

아이가 학교를 다녀와서 재미있었던 이야기를 꺼냅니다.

"엄마, 오늘 수업 시간에 친구 ○○이가 정말 웃긴 이야기를
했어요."

그런데 엄마는 눈도 마주쳐 주지 않고 "야, 그딴 소리 하지 말
고 얼른 밥 먹고 학원이나 갔다 와" 또는 "너 시험 봤지? 시험지
어디 있어?" 이런 식의 말을 하는 것이지요.

남편도 퇴근을 해서 오랜만에 직장에서 있었던 일을 이야기합니다. 직원 ○○가 업무를 제대로 하지 않아서 속상하다는 이야기를 하는데, 아내는 들은 척도 하지 않고 "얼른 식사나 해요. 빨리 먹어야 설거지하고 정리하지. 나 피곤해"라고 합니다. 이런 말을 듣는 아이와 남편은 어떤 마음일까요?

존 가트맨 박사는 이런 말을 했습니다.

"아이에게 맛있는 간식을 만들어 주려고 애쓰지 말고, 돌아오는 아이의 눈을 맞춰 주십시오. 남편에게 맛있는 반찬을 만들어 주려고 애쓰지 말고, 퇴근하는 남편의 눈을 맞춰 주십시오."

자녀와 배우자는 눈을 맞추며 이야기를 들어주는 부모, 그런 배우자를 기다리고 있습니다.

제가 아는 선배님 한 분은 교육 대학을 수석으로 졸업하고 서울에서 교사로 오랫동안 근무했습니다. 어느 면으로 보나 탁월한 분이었습니다. 남편은 지방 대학의 비인기 학과를 졸업한 분이었습니다. 그래도 선배는 남편이 퇴근하면 매일 아들딸과 함께 10년 만에 만나는 가족처럼 현관으로 달려가 반갑게 맞이했다고 합니다.

남편은 아내에 비해 뛰어난 분은 아니었습니다만, 지혜로운 아내는 항상 남편을 높여 줬습니다. 덕분에 남편은 공기업에서 우수한 업무 능력을 발휘하게 되었고, 퇴직 후 전공을 살려 유명 감리사로 활동하고 있습니다. 존중 받고 인정받는 것이 얼마나 중요한지를 깨닫게 해 주는 사례라고 생각합니다.

대화의 세 종류 ❸

다가가는 대화

다가가는 대화는 말 그대로 상대방과 마음의 거리를 좁혀 주는 대화입니다. 상대가 어떤 말을 했을 때 관심을 가지고 눈을 맞춰 공감해 주고, 호의적인 태도로 배려하면서 경청해 주는 것입니다.

누군가 나에게 말은 건다는 것은 나와 긍정적으로 연결되기를 원한다는 의사 표시입니다. 이 기회를 긍정적으로 받아들이고 '다가가는 대화'를 하면 마음의 감정 계좌가 쌓이게 됩니다.

다가가는 대화의 예는 다음과 같습니다. "그 일이 어떻게 된 것인지 더 말해 주겠어?", "와! 정말 대단한 일이네! 우리 같이 해 보자"처럼 관심을 보이거나 열의를 보이는 대화입니다.

공감 표현으로는 "많이 슬프겠다", "나도 너라면 무서웠을 것 같아", "네가 짜증(화)이 나게 생겼네" 등이 있습니다.

경청 및 수용하는 대화는 "그 사람 정말 나쁜 사람이다. 어떻게 그럴 수가 있지?", "아, 그렇구나", "많이 힘들었겠구나"처럼 속마음을 이해하는 대화입니다.

다가가는 대화를 하려면 아이의 행동이 아니라 감정에 관심을 가져야 합니다. 그리고 아이의 인격이 아니라 객관적인 상황에 대해 말하도록 합니다. 충고를 하거나 제안을 하고 싶을 때는 먼저 아이의 말부터 들어 보고 "내가 네 이야기를 듣다 보니 좋은 생각이 났는데 말해 줘도 되겠니?"라고 반드시 아이에게 먼저 허락을 구해야 합니다. 아이가 그 말을 받아들일 마음의 준비를 하게 한 후 말을 건네는 것이 효과적이기 때문입니다.

아이 마음을 여는 감정 코칭 5단계

가트맨 박사가 말하는 '원수 되는 대화', '멀어지는 대화' 대신 '다가가는 말'로 아이와 감정을 소통하고 교감하면, 아이는 마음을 활짝 열고 부모와 좋은 관계를 맺을 수 있을 것입니다. 아이의 마음을 읽어 주는 감정 코칭은 다음 5단계를 거칩니다.

단계 ❶ 아이의 감정을 읽어 주기

감정 코칭에서 가장 중요한 것은 아이의 감정을 인식하는 것입니다. 감정을 인식하기란 쉽지 않습니다. 특히 아이의 감정은 보려고 하지 않으면 놓치기 쉽습니다. 때로는 꼭 읽어 줬어야 하는 중요한 감정을 놓쳐 본의 아니게 아이에게 큰 상처를 주는 경우도 있습니다. 물론 아이의 모든 감정을 읽어 주기는 불가능합니다. 하지만 적어도 아이가 누군가 자신의 감정을 알아주기를 간절히 바랄 때는 이를 놓치지 않도록 노력해야 합니다. 아직 언어 구사력이 부족한 아이들은 감정을 대부분 비언어적인 것으로, 즉 말보다는 몸 전체로 표현합니다. 그렇기 때문에 아이의 행동을 관심 있게 살펴 감정을 놓치지 않도록 합니다. 행동 속에 숨은 감정을 포착하는 것이 중요합니다.

아이 감정을 알아차리기 어려울 때는 아이에게 물어보는 것이 좋습니다. 표정만 보고 아이 감정을 단정하다 보면 오히려 감정 코칭이 어려워질 수 있습니다. 이럴 때는 솔직하게 아이에게 물어보는 것이 좋습니다. 물어볼 때는 "지금 화났어? 지금 속상하니?"와 같은 닫힌 질문이 아니라 "지금 기분이 어때?"와 같은 열린 질문으로 해야 합니다.

단계 ❷ 아이가 감정을 보이는 순간을 유대 관계를 쌓는 기회로 삼기

가트맨 박사에 따르면 감정 코칭은 감정을 보이는 순간에 하는 것이 좋습니다. 특히 강한 감정을 보일 때 감정 코칭을 하기 좋다고 합니다. 아이들이 노골적으로 감정을 드러낸다는 것은 그만큼 누군가의 도움을 간절하게 원한다는 의미고, 도와달라는 신호를 보내는 것과도 같습니다. 그런데 아이가 감정이 누그러질 때까지 기다리다가 그 순간을 놓치면 아이는 더 힘들어지게 됩니다. 아이가 감정을 보이는 순간이 아이와 친밀한 유대 관계를 쌓고 감정을 조절할 수 있도록 도와줄 수 있는 절호의 기회입니다.

아이의 감정이 격할수록 좋습니다. 그러나 일부러 감정이 격해지기를 기다릴 필요는 없습니다. 그보다는 아이의 작은 감정을 알아차리고 읽어 주면서 감정이 더 격해지지 않도록 해 주는 것이 좋습니다.

단계 ❸ 아이 감정을 있는 그대로 공감해 주기

좋은 감정이든 나쁜 감정이든 편견 없이 아이의 감정을 있는 그대로 진지하게 공감해 주는 것이 중요합니다. 아이의 감정을 정확하게 이해하고 공감해 주기 위해서는 아이가 하는 말을 '거울식 반영법'으로 그대로 따라가되, 이성적인 사고를 필요로 하는 질문인 '왜?' 대신 '무엇'과 '어떻게'를 사용해 대화하는 것이 효과적입니다. '왜?'라는 질문은 비난으로 들리기 쉽기 때문에 감정을 공감할 때는 언제나 진지하게 대해야 합니다.

단계 ❹ 아이가 스스로 자기감정을 표현하도록 도와주기

아이는 자기 마음속에 일어나는 알 수 없는 복잡한 감정들에 잘 대처해 안정을 찾고 싶어 합니다. 그러므로 아이가 느끼는 감정에 이름을 붙여 주는 것은 마치 문에 손잡이를 달아 주는 것과 비슷합니다. 어떤 감정을 어떻게 처리해야 할지 생각과 판단을 명료하게 해 주는 것입니다. 그래서 이후 비슷한 상황을 겪을 때 '아, 이런 감정을 느꼈을 때 이렇게 하면 됐지' 하고 선택할 수 있게 해 줍니다. 감정을 표현하는 행위는 신경계에 진정 효과를 가져와서 아이가 마음을 힘들게 하는 사건에서 빨리 회복할 수 있도록 도와줍니다. 주의할 것은 아이가 자기감정을 묘사할 수 있는 단어를 찾도록 도와주라는 것이지, 아이들에게 어떻게 느껴야 하는지를 가르치라는 것은 아닙니다. 아이 스스로 감정에 이름 붙여 주면서 자기감정을 표현할 수 있도록 도와줍니다.

단계 ❺ 행동의 한계를 정하고 아이 스스로 해결책을 찾도록 도와주기

아이 감정을 읽어 주고 공감하고 감정에 이름을 붙였다면, 다음은 문제를 해결해야 할 차례입니다. 감정 코칭의 최종 도달점은 아이가 처한 기분 나쁜 상황이나 문제를 해결하는 데 있습니다. 먼저 감정을 공감해 준 다음 행동을 지적해야 아이가 거부감 없이 자신의 행동이 잘못되었음을 받아들일 수 있습니다. 공감 없이 잘못된 행동만 야단을 치면, 아이는 감정이 잘못된 것인지 행동이 잘못된 것인지 몰라 상처를 더 받을 수 있습니다.

행동의 한계는 아이가 쉽게 이해하고, 다양한 상황에서도 일관되게 적용할 수 있도록 아주 단순한 원칙을 정해 두는 것이 좋습니다. 남에게 피해를 입히는 행동, 자기에게 해를 입히는 행동에 대해서는 분명하게 한계를 그어 주도록 합니다. 아이 스스로 자기가 무엇을 원하는지 목표를 확인하는 일이 중요합니다. 그래야만 그 목표를 이루기 위한 해결책에는 어떤 것이 있는지 아이가 찾아볼 수 있습니다.

이제 아이와 함께 문제를 어떻게 해결할 것인지 방법을 찾아

볼 차례입니다. 어른들이 더 좋은 해결책을 생각해 내더라도 아이에게 먼저 제시하는 것은 좋지 않습니다. 그보다는 아이 스스로 다양한 해결책을 찾도록 질문하는 것이 바람직합니다. 설령 아이의 해결책이 현실 가능성이 떨어지거나 그리 좋은 방법이 아니더라도 일단 진지하게 경청하고, 해결책 목록에 넣어 두는 것이 바람직합니다. 아이가 생각한 모든 해결책을 다 시도해 볼 수는 없습니다. 따라서 어떤 해결책을 최종 선택하기 전에는 하나하나 살펴보며 평가를 해 보는 작업이 필요합니다.

이때도 역시 아이가 스스로 살피도록 도와줍니다.

"이 방법은 성공할 수 있을까?"

"할 수 있겠어?"

"그 방법이 옳다고 생각하니?"

이렇게 해결책의 성공 가능성, 실현 가능성, 효과 등을 생각해 볼 수 있도록 질문하면, 아이는 해결책에 대해 다시 고민할 수 있는 시간을 갖게 됩니다. 어떤 부모는 아이 혼자서는 올바른, 최선의 선택을 할 수 없을 거라고 생각하여 대신 선택을 하려고 합니다. 물론 부모가 의견을 제시하거나 비슷한 상황에서의 경험을 이야기해 줄 수는 있습니다.

그러나 최종적으로 어떤 해결책을 선택할 것인지는 아이의 몫입니다. 아이들은 어른들이 생각하는 것보다 훨씬 현명합니다. 어떤 해결책을 선택하는 것이 가장 좋은지, 아이는 잘 알고 있습니다.

잘못된 칭찬은
오히려 독이 된다

감정 코칭을 잘하기 위해서는 세 가지 전략이 중요합니다.

전략 ❶ 제대로 꾸중하기

아이들도 자기가 혼날 짓을 해서 꾸중을 들었다고 인정할 수 있으면 상처를 받지 않습니다. 문제는 꾸짖는 방법입니다. 어떻게 꾸중하느냐에 따라 아이가 부모의 의도대로 좋은 모습으로 변화할 수도 있고, 반대로 굉장히 부정적인 감정만 쌓여 관계가 나빠질 수도 있습니다. 꾸중을 하더라도 좋은 방향으로 관계를 발전시키려면 무엇보다 인격이나 성격을 건드려서는 안 됩니다.

'상황'에 초점을 맞춰 꾸짖으면 문제 해결 능력이 커집니다. 그런데 아이의 인격이나 성격에 대해 초점을 두면 아이는 심한 적

개심을 갖게 됩니다. 꾸중을 할 때는 먼저 상황에 대한 이야기를 한 다음, 그에 대해 부모가 느낀 기분과 부모가 바라는 것을 요청하는 순서로 말하면 됩니다. 아이가 분명한 잘못을 했을 때는 부모도 화가 날 수 있습니다. 이럴 때는 부모가 감정을 표현하되 비난, 경멸, 조롱 등을 하지 않으면서 차분하게 '너'가 아닌 '나'의 관점에서 대화해야 합니다. 아이의 행동이 부모에게 어떤 영향을 미쳤는지 이야기해 주면 아이는 반감을 갖지 않고 자기 행동을 돌아보게 됩니다.

전략 ❷ 도움이 되는 칭찬하기

칭찬도 도움이 되는 칭찬과 도움이 되지 않는 칭찬이 있습니다. 칭찬도 잘못하면 오히려 아이에게 해를 끼칠 수 있기 때문에 제대로 칭찬해야 합니다.

하임 기너트 박사의 『부모와 아이 사이』에 따르면, 아이에게 도움이 되는 칭찬의 기술은 다음과 같습니다.

첫 번째, 성격이나 인격에 대해서는 칭찬하지 않습니다.

"우리 ○○는 어쩜 이렇게 착하니", "너는 정말 훌륭해" 같은 성격에 대한 칭찬은 도움이 되지 않습니다.

두 번째, 결과보다는 노력이나 행동에 대해 칭찬합니다.

"우리 ○○가 1등 했네. 정말 잘했네."

"○○보다 잘했구나."

"와, 그림 정말 잘 그리는구나. 그림 대회 나가면 금메달은 문제없겠다.”

이렇게 과정보다 결과에 대해 칭찬하는 것은 아이에게 도움이 되지 않습니다. 그보다는 그러한 결과가 있기까지 아이가 노력한 과정이나 행동에 대해 칭찬하는 것이 좋습니다. 남과 비교하는 칭찬보다는 아이 자신의 이전과 이후를 비교하여 말해 주는 것도 좋습니다.

“그동안 보고 싶은 텔레비전 참고 열심히 공부하더니 성적이 많이 올랐구나. 네가 정말 자랑스러워”, “지난번보다 20점 더 맞았구나”, “엄마가 손님이 와서 정신이 없었는데, 동생이랑 잘 놀아줘서 고마워” 이렇게 칭찬을 하면, 아이도 부담을 느끼지 않으면서 더 잘하고 싶은 마음이 들게 됩니다.

세 번째, 적절한 타이밍에 맞춰 칭찬하는 것이 중요합니다. 기억은 대개 상황 속에서 감정과 함께 저장이 되는데, 부모가 아이에게 줄 수 있는 것은 감정적 상황에 함께 있어 주는 것입니다. 아이가 칭찬받을 행동을 했을 때 바로 칭찬을 해 주면, 경험과 감정을 함께 공유할 수 있습니다. 불가피하게 즉시 칭찬을 해 주지 못했을 때는 하루를 넘기지 않고 칭찬해 주는 것이 좋습니다.

네 번째, 칭찬의 이유를 구체적으로 설명해 줍니다. “참 잘했어요”, “뭐든 잘한다”, “훌륭해”와 같은 두루뭉술하거나 무조건적인 칭찬은 아이에게 와닿지 않을 수 있습니다. 칭찬할 때는 아이가 한 행동이나 결과에 대해, 무엇에 대해 어떤 점을 잘했는지 구체적으로 말해 주는 것이 좋습니다.

전략 ❸ 먼저 사과하기

부모도 대화를 하다가 격한 감정을 보이기도 하고, 상황을 오해해서 아이를 야단치는 실수를 저지를 수 있습니다. 아이에게 심하게 야단친 다음에 보니까 '내가 좀 심했구나'라는 생각이 들수 있습니다. 그러면 "엄마가 아까 너에게 좀 심한 말을 한 것 같다. 다시 한 번 말해 볼게"라든지 "그런 뜻으로 얘기한 건 아니었는데, 마음 아팠지?"라고 하면서 먼저 실수를 인정하고 사과해야 합니다. 부모가 먼저 실수를 인정하면 아이들은 '아, 어른들도 실수를 하는구나. 실수를 할 때는 저렇게 고칠 수 있구나'라고 생각하면서 실수를 했을 때 어떻게 해야 하는지를 배우게 됩니다.

아이의 감정을 다루는
부모의 유형 4

존 가트맨 박사의 연구에 따르면, 아이의 감정을 다루는 방법에 따라 양육자의 유형을 '축소 전환형, 억압형, 방임형, 감정 코치형'의 네 가지로 나눌 수 있습니다. 이 중에서 자녀를 가장 행복하게 자라게 해 주는 유형은 '감정 코치형' 부모입니다.

축소 전환형 부모

아이의 감정을 대수롭지 않게 여기거나 무시하고, 때론 비웃기까지합니다. 나쁜 감정은 살아가는 데 아무런 도움이 되지 않는다고 생각합니다. 따라서 아이가 부정적인 감정을 보이면 부모 자신이 불편함을 느껴 아이의 관심을 재빨리 다른 곳으로 돌립니다. 아이 감정은 비합리적이어서 중요하지 않거나 그냥 놔둬도 시간이 지나면 저절로 사라지는 것이라고 생각합니다. 이런 부모들은 아이가 어떤 일로 화가 나서 울면 "뭐 그런 일로 울어?", "그치면 맛있는 거 사 줄게"의 말로 반응합니다.

억압형 부모

아이의 감정을 무시하고 심지어 잘못된 것이라고 비판하기도 합니다. 아이의 감정보다는 행동을 보고 야단을 치거나 매를 드는 경우가 많습니다. 이들은 부정적 감정은 나쁜 성격, 나약한 성격에서 나온다고 생각해 무조건 억제해야 한다고 믿습니다. 따라서 매를 들어서라도 부정적 감정을 없애 주고 올바른 행동을 가르쳐야 한다고 생각합니다.

이런 부모들은 아이가 어떤 일로 화가 나서 울면 "시끄러워! 그만 못 그치니?", "안 그치면 경찰더러 잡아가라고 한다"는 식으로 반응합니다.

방임형 부모

아이의 모든 감정을 다 받아 주며 좋은 감정, 나쁜 감정을 구분하지 않습니다. 이들은 감정은 물론 행동에 대해서도 제한을 두지 않는데, 감정을 분출하면 모든 것이 해결된다고 믿습니다. 아이의 부정적 감정을 공감하고 위로하는 것 외에 아이에게 해줄 것이 없다고 생각하고, 아이가 감정을 처리하고 문제를 해결하는 데는 관심을 두지 않습니다.

이런 부모들은 아이가 어떤 일로 화가 나서 울면 "슬프면 실 컷 울어라", "화가 나면 때릴 수도 있다. 그래 잘했다, 잘했어"처럼 반응합니다.

감정 코치형 부모

아이의 감정은 다 받아 주되 행동에는 제한을 둡니다. 감정에는 좋고 나쁜 것이 있다고 생각하지 않고 자연스러운 삶의 일부로 받아들입니다. 아이가 감정을 표현할 때 그 감정을 존중하며 인내심을 갖고 기다려 줄 줄 압니다. 아이의 작은 감정의 변화도 놓치지 않으며 아이와의 정서적 교감을 중요하게 여깁니다. 또한 아이의 독립성을 존중하며 스스로 해결 방법을 찾도록 도와줍니다. 이런 부모들은 아이가 어떤 일로 화가 나서 울면 "마음이 많이 상했나 보구나! 어떤 방법이 있을까? 엄마는 무엇을 도와줄까?"의 말로 반응합니다.

우리 아이들에게 부모 이미지를
그리라고 한다면

'우리 아이들은 나를 어떻게 생각
할까?' 부모라면 누구나 한 번쯤 생각해 보는 질문이지요.

여러분이 자녀들에게 여러분 이미지를 그려 보라고 하면 어
떤 이미지를 그릴까요? 아마 많은 분들이 상당한 부담을 느끼며
두렵다고까지 할 것입니다.

'이미지 학습'은 마인드맵에서 이미지를 활용하여 개념도를
그리는 것에 착안하여, 제가 개발한 학습법 중 하나입니다. 간단
한 기호나 약화(略畫·간략하게 대강 그린 그림)로 자신의 생각이나
정보를 나타낼 수 있기 때문에, 그림을 잘 그리지 못하는 학생도
큰 부담 없이 참여할 수 있습니다. 이미지 학습을 하다 보면 학생
의 마음 상태, 가정 환경, 무의식의 생각에 관해 많은 정보를 읽
을 수 있습니다.

다음은 제가 가르친 학생들이 표현한 부모님과 가족을 나타
낸 이미지입니다. 이를 통하여 그 학생의 부모님이 어떤 유형인지
짐작할 수 있습니다. 여러분도 자녀들에게 이미지를 받아 보는
활동을 해 보길 권합니다.

초등 1년 여자아이

우리 엄마는 막 구워 낸 빵과 같습니다. 왜냐하면
우리 엄마는 막 구워 낸 빵처럼 마음이 따뜻하고
고소합니다. 빨간 성냥개비가 많은 것은 빵이 뜨
겁다는 것을 표현한 것입니다. 우리 엄마는 빵을
구워서 동네 사람들에게 잘 나누어 주십니다. 그
래서 동네 사람들은 우리 엄마를 '빵 잘 굽는 아줌
마'라고 부릅니다. 그래서 우리 엄마를 막 구워 낸
빵이라고 표현했습니다.

→ 이 아이는 많은 친구들이 좋아합니다. 학습 태도도 좋
고, 친구들도 잘 도와주고, 자기 할 일도 잘하는 모범생입
니다. 엄마는 어떤 유형일까요? '감정 코치형' 부모입니다.

초등 1년 여자아이

우리 아빠는 부드러운 솜사탕입니다. 왜냐하면 우
리 아빠는 몸도 마음도 피부도 부드럽기 때문입니
다. 아빠는 술·담배를 하지 않아서 군것질을 좋아
하십니다. 유난히 솜사탕을 좋아하셔서서 놀러 가
서 솜사탕이 있으면, 우리한테 사 주십니다. 그런
데 아빠 것을 다 먹고 우리 것을 달라고 하십니다.

→ 이 아이의 아빠는 어떤 유형일까요? '감정 코치형' 부
모입니다.

초등 2년 남자아이

우리 엄마의 이미지는 바람입니다. 왜냐하면 우리 엄마는 바람처럼 시원시원하시고, 바람처럼 잘 돌아다니십니다. 또한 태풍이 많은 것을 몰고 오듯이 우리 엄마는 사람들을 많이 몰고 다니십니다.

→ 이 아이는 성격은 매우 좋으나 집중력이 떨어지는 경향이 있습니다. 이 아이의 엄마는 네 자녀를 뒀고, 통반장을 하면서 녹색 어머니 활동을 16년이나 했습니다. '방임형' 부모입니다.

초등 3년 여자아이

우리 엄마는 밖에서는 천국의 천사인데, 집에 오면 지옥과 같이 무섭고 힘든 분위기를 만듭니다. 나는 우리 엄마가 밖에서처럼 집에서도 친절한 엄마였으면 좋겠습니다.

→ 이 아이는 서비스업에 종사하는 엄마가 직장에서는 정말 친절하지만, 집에 오면 늘 무섭게 야단을 치는 모습을 그렸습니다. 엄마의 유형은 '억압형'이겠지요?

초등 6년 남자아이

우리 엄마를 생각하면 제일 먼저 생각나는 것이 이 매입니다. 이 매는 담양에 놀러 갔을 때 엄마가 나를 때리기 딱 좋은 것이라고 산 죽제품입니다. 장구채보다 세 배 정도 넓습니다. 우리 엄마는 이 매로 나를 일주일에 두세 번 이상 손바닥과 발바닥, 그리고 등을 때립니다. 화가 많이 나면 온몸을 때리기도 합니다. 매를 맞으며 가끔 나는 엄마가 때린 만큼 나도 복수할 날을 생각합니다. 우리 엄마는 덩치가 좋아서 제가 고등학교 2학년쯤은 되어야 복수를 할 수 있을 것 같습니다.

→ 이 아이는 머리도 아주 뛰어나고 공부도 잘했지만, 학교 적응에 힘들어했습니다. 그리고 또래 관계가 좋지 않았습니다. 이 아이의 엄마는 아들이 학교에서 왕따를 당한다며 학교 폭력 자치 위원회를 열어 달라고 요구했었습니다. 엄마는 어떤 유형이었을까요? 전형적인 '억압형 부모'이지요.

초등 1년 남자아이

우리 아빠는 깨진 술병입니다. 우리 아빠는 집에서 늘 술만 드시고, 화가 나면 술병을 던지기도 합니다. 나는 아빠가 무서워 방에 숨어 있습니다. 술을 먹다가 기분이 나빠지면 엄마와 싸우거나 엄마와 나를 때린 적도 많습니다.

→ 이 아이는 입학식 때부터 저를 엄청 힘들게 했습니다. 매일 지각을 하고, 숙제는 거의 하지 않았고, 친구들을 때리고 괴롭혔습니다. 저도 늘 야단을 치고 반성문을 쓰게 하고 혼자 남아서 숙제를 하게 했습니다. 그런데 나중에 보니 이런 이미지를 그리더군요. 이 아이의 아버지는 '억압형 부모'였던 것이지요.

맨 마지막 작품을 보는 순간, 저는 아이의 모든 것이 이해되었습니다. 아이는 알코올 중독자인 억압형 아버지 밑에서 가정 폭력을 당한 것도 모자라 아침에 혼자 밥을 챙겨 먹고 등교를 해야 했습니다. 엄마가 아빠를 피해 새벽에 나가 밤늦게 들어왔다고 합니다. 그런데 저는 잘 가르치겠다는 명목으로 늘 야단을 치고 훈계를 했습니다. 제가 아이한테 한 짓은 제 나름대로는 최선이었으나 아이에게는 최악이었다는 생각이 듭니다.

우리 아이를 위한 최선은 무엇일까요? 어떤 것이 아이에게 정말 필요하고 아이를 정말 행복하게 하는 일인지 생각해 볼 필요가 있지 않을까요?

아들이 그려 준
나의 이미지

'아이는 나를 어떻게 생각할까?'

학교 일, 외부 강의 등으로 늘 쫓기듯 바쁘게 살고 있는 나를 우리 아들과 딸은 어떻게 생각하는지 궁금했습니다. 어느 날 책을 읽고 있는 아들에게 "우리 아들은 엄마를 이미지로 그리라고 하면 어떻게 나타낼 수 있겠니? 솔직한 너의 생각을 알고 싶으니 '엄마' 하면 떠오르는 것을 그려 주면 좋겠다"고 요청했습니다.

저 역시 여느 사람들처럼 상당한 부담을 느꼈습니다. 만약 과거에 저의 이미지를 그리라고 했다면 아이들은 아마도 무서운 악마나 도깨비, 지옥 등을 그렸겠지요? 그런데 당시는 제가 많이 노력을 하고 있기에 어떤 생각을 하고 있는지, 어떻게 그릴지 몹시 궁금했습니다.

초등학교 때 저에게 잠시 마인드맵 지도를 받았던 아들은 이미지에 대한 이해가 있어서 잠시 생각하더니 쓱쓱 그리기 시작합니다. 그리고 뒷장에 이미지에 대한 설명을 써 달라고 했더니 거침없이 써내려 갔습니다.

아들이 그려 준 이미지와 글을 통해서 코칭의 위력을 다시 한 번 느낄 수 있었습니다. 코칭은 정녕 삶을 바꾸고, 존재를 깨우며, 관계를 회복하는 위대한 힘을 가진 도구임을 감히 확신할 수 있었습니다.

아들이 그려 준 이미지 설명을 아래에 옮겨 봅니다.

우리 어머니는 뜨거운 사막의 오아시스와 같습니다.
그런데 이 오아시스는 참으로 이상합니다.
녹슬지 않는 무쇠로 된 나무가 있고
그 아래에는 울창한 큰 잎들이 만들어 준
시원하고 넓은 그늘이 있습니다.
이 나무의 열매는 꿀과 같이 달고 맛있습니다.
오아시스의 물은 바다와 같이 넓고 깊습니다.
죽어 고여 있는 물이 아니라
물고기가 노는 깊고 맑은 살아 있는 물입니다.
무쇠로 된 나무는 어머니의 정신력입니다.
곧고 단단해서 녹슬거나 굽거나 죽지 않습니다.

꿀과 같이 단 많은 열매들은
어머니 인생의
작은 열매들입니다.
오아시스의 맑고 살아 있는 물은
어머니의 깊고 넓은 마음입니다.
깊고 넓은 마음으로
아들딸의 그 많은 실수와 잘못들을
너그러이 받아 주시고 이해해 주시고
묵묵히 참고 기다리고 기다리고 또 기다려 주십니다.
물바가지는 어머니의 가진 것을
나눌 줄 아는 넉넉한 마음입니다.
수십 개의 물바가지에
타는 듯한 갈증을 해소해 주고
영혼까지 적셔 마음의 상처들을 치유해 주는
시원한 물을 담아 여러 사람에게 나눠 주십니다.
나의 어머니는 저와 많은 사람들이
언제나 믿고 쉴 수 있는
메마른 사막 한가운데
영원히 마르지 않는
맑고 시원한 물과
울창하고 무성한 푸른 잎의 무쇠 생명나무를 가진
꿈에서나 있을 법한 오아시스이십니다.

부드럽고 잔잔한
목소리의 힘

감정 코칭이란 문제를 해결하는 기술이 아니라 긍정적이고 신뢰할 수 있는 인간관계를 형성하는 기술입니다. 즉, 문제를 해결해 나갈 수 있는 기본을 마련하는 것입니다.

그런데 우리가 아무리 코칭 이론을 배우고 열심히 실천하려고 노력해도 한순간에 이 모든 수고가 물거품이 되는 때가 있습니다. 바로 아이가 성적표나 시험지를 가지고 왔을 때입니다. 다음 대화를 한번 볼까요?

아이: 엄마(아빠), 오늘 시험 보았는데 선생님이 사인 받아 오래요.

아이가 내놓은 시험지에는 60점이 적혀 있습니다. 부모로서 어떤 반응을 할까요?

부모: 속상했겠구나. 시험이 어려웠니?

이 말은 '비난형'으로 일종의 원수 되는 대화입니다. 시험을 잘 못 봤다는 것을 전제로 하고 말한 것이지요. 이렇게 말했는데 만약 아이가 "아니, 나 괜찮은데?"라고 하면 어떻게 하겠습니까? 또 이런 반응도 있을 수 있습니다.

부모: 시험 잘 봤네. 6개나 맞았네.

이 말은 비아냥, 경멸식 대화로 이것 역시 '원수 되는 대화'라고 할 수 있습니다. 아이는 본인이 시험을 못 봤다고 생각하는데, 거기다 대고 잘 봤다고 하면 놀리는 것이라고 생각할 수 있습니다. 다른 반응을 살펴볼까요?

부모: 행복은 성적순이 아니야. 몸만 건강하면 되지.

이런 말은 '방임형' 부모가 하는 말입니다. 감정은 받아 주지만 행동을 바르게 고칠 수 있도록 도와주지는 못합니다. 또 다른 반응을 볼까요?

부모: 다음에 잘해. 그러면 되지 뭐.

이런 말은 축소 전환형 지시·충고입니다. 위의 반응 모두 도움이 되지 않습니다. 그럼 어떤 말을 해야 할까요? 코칭이 쉬운 것 같지만 막상 하려면 적당한 말과 질문이 떠오르지 않습니다. 그래서 코칭형 대화를 외계어라고도 합니다. 다음 대화를 한번 볼까요?

아이: 엄마(아빠), 오늘 시험 보았어요. 사인 좀 해 주세요.

부모: (중립적 피드백이 중요합니다. 감정을 담지 말고 객관적 사실을 이

야기하는 것이지요.)

시험 봤구나. 점수는 60점이네. (이때 중요한 것은 부드럽고 잔잔한 목소리입니다. 억양이 올라가면 비난과 비아냥거림의 원수되는 대화가 될 수 있습니다. 그리고 바로 사인을 해 주면 '방임형' 부모가 됩니다. 아이의 기분을 알아주는 것이 중요합니다.) 지금 기분이 어때?

아이: 아, 속상해. 두 개는 더 맞을 수 있었는데. 썼다가 고쳤는데 그것이 답이더라고. 아, 열받아. (아이들은 이런 비슷한 변명을 많이 합니다. 이것은 방어의 일종입니다. 혼이 날 것 같으니 미리 이런 말들을 하는 것이지요.)

부모: (이런 말을 듣고 지시, 명령, 충고를 하면 안 됩니다. 예를 들어 "그러니까 뭐라고 했니? 신중하게 잘 읽어 보라고 했잖아. 누가 고치라고 했어?"라고 하면 안 됩니다. 대신 이렇게 말해 줍니다.) 아, 그랬구나. 그렇게 맞은 답을 썼다가 고쳐서 틀리면 더 속상한데. 나도 그런 적 있었는데 정말 속상하더라고. 너는 어땠어?

아이: 맞아요.. 내가 왜 그때 다시 읽어 보고 고쳤는지. 다음부터는 절대로 다시 고치지 않아야지.

그런데 아이가 방어와 변명이라도 하면 나은데, 가끔 더 열받게 하는 말을 하기도 합니다. 기분을 물었더니 다음과 같은 반응이 나오기도 합니다.

부모: 지금 기분이 어때?

아이: 괜찮은데? 우리 반에 나보다 못 본 아이들 많아. 40점도 있고 빵점도 있어. 나는 잘 본 거야. (이렇게 말하면, 저는 코칭을 배우기 전에는 이렇게 말했습니다. "야. 위를 봐야지, 왜 아래를 보니? 100점 맞은 아이들도 있을 것 아냐?" 이러면서 소리를 질렀습니다. 이런 대화는 '원수 되는 대화'입니다. 그럼 어떻게 반응해야 할까요? 아이가 한 말을 그대로 '미러링'해 줍니다. 전체 미러링을 하면 아이가 자기 말을 다 따라 한다고 짜증을 냅니다. 그러니 눈치껏 따라 해 줘야 합니다.)

부모: 그래? 너희 반에 40점도 있고 빵점도 있어? 그래서 너는 괜찮다고 생각하는 거야? (그리고 도장을 찍어 주면 안 됩니다. 행동을 고쳐 줘야지요. 다시 질문을 합니다.) 그런데 네가 다시 시험 본다면 몇 점을 맞았으면 좋겠어? (아이가 목표를 정하도록 하는 것입니다. 이렇게 질문하면 아이들이 어떻게 대답을 할까요? 많은 아이들을 코칭한 경험에 의하면, 60점 정도의 아이들은 절대로 100점이라고 말하지 않습니다. 보통 70~80점 정도를 말합니다. 아이들도 양심이 있거든요. 올라갈 점수를 말합니다.)

아이: 80점 정도 맞으면 좋을 것 같아요. (이때 아이에게 "이왕이면 100점 맞아야지, 80점이 뭐야?" 하고 비난의 말을 하는 순간, 대화가 단절됩니다.)

부모: 아, 80점 정도 맞고 싶어? 80점 정도 맞으면 어떤 점이 좋을까? (80점에 대한 의미 확장을 해 주는 것입니다. 그 목표가 중요

한 이유를 충분히 생각하게 해 주는 것이지요.)

아이: 80점 정도 맞으면 자신감이 생길 것 같아. 시험에 대한 두려움도 없어지고.

부모: 아, 그런 좋은 점이 있구나. 자신감도 생기고 두려움도 없어지면 또 어떤 점이 좋을까? (꿈 넘어 꿈을 생각하게 해 줍니다.)

아이: 학교 다니는 것이 좀 더 재미있고 엄마한테도 덜 미안할 것 같고.

부모: 우리 아들(딸) 그렇게 깊은 생각을 하고 있는 줄 몰랐네. (아이의 말에 지지적 피드백을 아끼지 않습니다. 시간과 여건이 허락한다면 의미 확장 질문은 많이 하면 할수록 좋습니다.) 80점이 여러 가지 의미가 담긴 점수네. 그럼 그렇게 중요한 80점을 받기 위해 어떤 일을 해 보면 좋을까?

아이: 평소에 문제집을 좀 더 풀어 보면 좋을 것 같아요. (이때 아이들이 바로 답을 하지 않을 수도 있습니다. "몰라", "생각 안 나"라고 말할 수도 있습니다. 코칭에서는 침묵의 시간을 매우 중요하게 여깁니다. 아이가 말을 않고 있을 경우 다소 시간이 길어지더라도 기다려 주는 것이 중요합니다. 모른다고, 생각이 안 난다고 하는 것은 무엇 때문일까요? 그런 식의 질문을 받아 본 적이 거의 없기 때문입니다. 안 하던 짓을 하려니 어색하고 불편한 것이지요. 그럴 때는 "아, 생각이 안 날 수도 있어, 그럼 나중에 생각해 보자"라고 여지를 남겨 두는 것이 좋습니다.)

부모: 참 좋은 생각이구나. 또 어떤 것을 시도해 보면 80점을 받

을 수 있을까?

아이: 수업 시간에 잘 들어야 할 것 같아요. 선생님이 강조하는 것이 시험에 많이 나오는데 제가 소홀하게 들었어요.

부모: 그래, 수업 시간이 중요하지. 어쩜 그렇게 좋은 생각을 했니? 역시 엄마(아빠) 아들(딸)이다. (시도해 보고 싶은 가능성은 많으면 많을수록 좋습니다. 그리고 어떤 가능성을 말하더라도 비난하거나 판단하지 않고 지지해 주는 것이 필요합니다.) 또 어떤 방법이 있을까?

아이: ○○가 어느 학원이 좋다고 하는데, 거기에 가 보는 것도 괜찮을 것 같아요.

부모: 그래, 그것도 방법이 될 수 있지? 아주 좋은 방법들을 여러 가지 생각했는데, 무엇을 해 보고 싶은지 정리해 볼까? (아이의 생각은 아이 스스로 정리하는 것이 좋습니다.)

아이: 네. 문제집 풀기, 수업 시간에 잘 듣기, 학원 알아보기.

부모: 정리를 아주 정확하게 잘했네. 이 중 무엇을 제일 먼저 하면 80점 맞는 데 도움이 될까?

아이: 네, 문제집 푸는 것이 좋을 것 같아요.

부모: 그래. 어떤 문제집을 풀까?

아이: 제가 수학이 약하니까 수학 문제집을 풀어야겠어요. 서점에 가서 사야 할 것 같아요.

부모: 그래. 언제 살까?

아이: 이번 주말에 엄마랑 같이 사러 가면 좋겠어요.

부모: 그럼 하루 중 언제 문제집을 풀면 좋을까?

아이: 숙제 끝나고 저녁 먹고 9시부터 30분간 풀면 좋을 것 같아요.

부모: 시간을 잘 정한 것을 보니 잘 실천할 것 같구나. 일주일에 며칠 정도 할까?

아이: 매일 하는 것은 힘드니까 일주일에 3일 정도 하면 좋겠어요.

부모: 요일을 정해 본다면?

아이: 제가 학원 안 가는 수·금·토요일에 할게요.

부모: 그럼 말한 내용을 정리해 볼까?

아이: 일주일에 3일, 30분 정도 문제집을 풀게요.

부모: 아주 구체적으로 잘 말했네. 그럼 잘 실천하고 있다는 것은 어떻게 확인을 할 수 있을까?

아이: 표를 만들어 문제집을 30분 정도 푼 날은 스티커를 붙일게요.

부모: 그렇게 하면 정말 확실하게 알 수 있겠구나. 참 좋은 생각이다. 그런데 실천하는 데 어려움은 없을까?

아이: 제가 게임을 하거나 텔레비전을 보다가 시간을 잊어버리는 때가 많을 것 같아요.

부모: 그럴 때는 어떻게 할까?

아이: 휴대 전화에 알람을 맞추어 놓거나, 제가 잊고 있을 때는 엄마가 도와주시면 좋겠어요.

부모: 엄마는 생각도 못 한 것을 우리 아들(딸)은 정말 잘 생각을 하는구나. 자, 그러면 표는 언제 만들까?

아이: 엄마랑 이야기 끝나면 만들게요.

부모: 우리 아들(딸)의 실천 의지 정말 칭찬해 주고 싶다. 실천할 내용을 실천해서 다음 시험에 80점을 맞는다면 기분이 어떨 것 같아?

아이: 와, 정말 기분이 좋을 것 같아요. 그리고 내가 해냈다는 생각에 뿌듯하기도 하고요.

부모: 그렇게 해낸 너 자신에게 스스로 어떤 칭찬을 해 주고 싶어?

아이: 넌 할 수 있어. 너도 하니까 되잖아.

부모: 우리 아들(딸)이 그렇게 말할 수 있는 날이 금방 올 거라고 엄마는 믿어. 오늘 엄마랑 어떤 이야기 했는지 정리해 볼까?

아이: 제가 시험을 60점 받았는데 다음에 80점으로 점수를 올리기 위한 세 가지를 생각했어요. 문제집 풀기, 수업 시간에 잘 듣기, 학원 알아보기. 그중에 제일 먼저 문제집 풀기를 하기로 했고, 이번 주말에 사서 일주일에 3일 수·금·토요일 9시부터 30분씩 풀고, 실천한 날은 표에 스티커를 붙이기로 했어요.

부모: 많은 내용을 아주 잘 정리했네. 오늘 대화를 통해 새롭게 알게 된 것이나 깨닫게 된 것이 있을까?

아이: 빨리 하고 싶다는 생각과 앞으로 잘 실천해서 꼭 80점으로 올리겠다는 생각을 했어요. 그리고 엄마랑 이렇게 계획을 짜니 잘할 수 있을 것 같고 기분이 좋아요.

부모: 엄마도 우리 아들(딸)과 이렇게 이야기를 하니 행복하고, 좋은 생각을 하는 우리 아들(딸)이 기특하고 대견하구나.

우리 언제 다시 이야기할까?

아이: 일주일쯤 실천해 보고 이야기하면 좋겠어요.

부모: 그래. 우리 아들(딸)이 목표를 꼭 이루기를 응원하며 오늘 엄마랑 나눈 코칭 대화 마무리해도 될까요?

아이: 네.

지금까지 감정 코칭 5단계, 코칭 대화 모델 5단계에 따른 표준 대화 내용을 정리해 보았습니다. 그런데 현실에서 부모-자녀 대화가 이런 식으로 흘러가기는 쉽지 않습니다. 이런 대화를 평소에 많이 나눠 보지 않았기 때문에 부모도 아이도 어색합니다.

부모-자녀 대화가 코칭 대화 모델로 자연스럽게 이루어지기 위해 가장 중요한 것은 무엇일까요? 일단 목소리를 부드럽고 잔잔하게 하는 것입니다. 저는 코칭을 배우고 다음과 같은 사실을 깨달았습니다.

격렬하고 격양된 목소리는 사람의 잠재 능력을 죽이고,
부드럽고 잔잔한 목소리는 사람의 잠재 능력을 깨운다.

부드럽고 잔잔한 목소리가 중요하다는 건 알겠는데, 실천하려니 손발이 오글거립니다. 이때 가트맨 박사는 '조금씩, 자주'를 말했습니다. 매일 밥 먹고 이 닦듯이 조금씩 자주 반복하다 보면 습관이 된다는 것입니다. 그동안 우리가 살아온 세월이 얼마나 많은데, 어찌 한꺼번에 쉽게 바뀌겠습니까?

Practice! Practice! Practice!
조금씩 자주 '반복, 반복, 반복!'

파충류의 뇌로 뻗어 있던 길을 전두엽적 사고의 길로 바꾸는 데는 그동안 살아온 세월만큼의 시간을 투자해야 합니다. 그런데 다행히 뇌에는 가소성이 있어서 자꾸 반복하다 보면 가려고 하는 길을 인지하여 그 길을 만드는 시간이 단축된다고 합니다.

학교나 각종 교육 기관들은 비슷한 연수를 자주 개최합니다. 왜 그럴까요? 강의를 들을 때는 아는 것 같아서 금방 실천할 수 있을 것 같은데, 강연장을 나서는 순간부터 잊어버리게 됩니다. '좋긴 좋았는데 뭐라 했더라?' 생각이 나지 않습니다. 자동차를 사면 한 번 주유해서 폐차할 때까지 계속 쓰지는 않습니다. 기름이 떨어지면 주유소를 가야 합니다. 마찬가지입니다. 우리가 알게 된 지식들은 시간이 지나면 방전됩니다. 방전이 되면 충전을 하러 가야지요?

그래서 학교나 여러 교육 기관들은 지식의 충전소입니다. 한꺼번에 다 알려고 하지 말고 자주자주 충전하러 다니세요. 한 번 들을 때 세포 몇 개가 바뀌고, 또 한 번 들을 때 또 몇 개가 바뀌어 내 스스로가 변화되는 그날이 옵니다. 억압형 부모로 오래 살았던 제가 바뀌는 데는 정말 많은 시간이 필요했습니다. 존 가트맨 박사도 다음과 같이 말하고 있습니다.

조금씩 자주 반복하라!
조금씩 자주 호감·존중을 표현하라!
조금씩 자주 고마움을 표현하라!
조금씩 자주 사랑을 표현하라!

언제까지 반복해야 할까요?

우리는 끊임없이 배워야 한다.
앎이 삶이 될 때까지!!

7부

기적이
일어나다

'48킬로그램
S라인'

존 가트맨 박사는 50여 년 동안 3000쌍의 부부를 연구해 감정 코치형 부모의 자녀들은 다음과 같이 성장한다고 발표했습니다.

- 집중력 우수 → 학습 능력 향상
- 타인 감정 이해 → 감정 조절 우수
- 또래 관계 좋음 → 사회 적응력 우수
- 능동적, 긍정적 태도 → 문제 해결력 우수
- 질병, 스트레스 극복 → 역경 회복 능력 우수

정말 그런지 감정 코치 성공 사례를 하나 나눠 보겠습니다. 다음과 같은 소녀가 있었습니다.

- 초등학교 6년 동안 단 한 명의 친구도 사귀지 못했습니다.
- 키는 165센티미터를 조금 넘는데, 체중은 80킬로그램이 넘는 초과 체중이었습니다.
- 부모로부터 늘 '원수 되는 말'을 듣고 칭찬은 거의 받아 본 적이 없었습니다.
- 자존감, 자신감, 성취감이 거의 바닥이었습니다.
- 고등학교 2학년 자퇴, 대학 1학년을 두 번 자퇴했습니다.
- 집 안에서 하는 일이라고는 먹고 자고 게임하고 텔레비전 보는 것뿐이었습니다.
- 아버지의 사업 실패로 경제적 어려움을 겪었습니다.
- 어머니가 교통사고와 대수술로 여러 차례 병원에 입원했습니다.

이 아이가 살이 찐 이유는 무엇이었을까요? 바로 스트레스지요. 이 아이 부모는 어떤 유형이었을까요? 당연히 '안티 코치형'이었겠지요.

아이가 살을 뺀다고 시도해 봤을까요? 물론 수없이 했겠지요. 한약도 먹어 보고 침도 맞아 보고 헬스클럽도 가 보고. 하지만 늘 실패했습니다. 1킬로그램 빼고 다시 3킬로그램 찌고, 3킬로그램 빼고 다시 5킬로그램 찌고. 그렇게 80킬로그램의 거구가 된 것이지요.

이 아이의 부모가 코칭을 만나게 되었습니다. 원수 되는 말을 입에 달고 살면서, 아이와 가슴 터지는 나날을 보내던 부모가 코칭을 만난 후, 어렵지만 '인정, 존중, 지지, 격려, 감사'를 하려고 노력했습니다.

평소에 안 하던 말을 하려니 쉽게 입이 떨어지지 않았습니다. 칭찬을 하려면 몸이 오그라드는 것 같은 부자연스러움이 느껴졌습니다. 그래도 조금씩 자주 반복적으로 칭찬하기 시작해 사랑의 표현까지 하게 되었습니다. 원수 되는 말이 수없이 나오려고 하면 참고 또 참았습니다.

처음엔 '꼭 이렇게까지 해야 하나' 하는 생각에 그만두고 싶을 때도 많았습니다. 그런데 폐인이 되어 가는 아이들 모습을 보면서 계속 저러고 있으면 어쩌나 하는 불안 의식이 부모를 바꿨습니다. 어떻게든 무엇이든 해야 한다는 강박 관념에, 죽는 것보다 어려운 일을 해냈습니다.

칭찬할 기회, 사랑을 표현할 기회를 찾으려고 애썼습니다. 부드럽고 잔잔한 목소리를 내려고 연습도 했습니다. 강의에서 들은 약발이 떨어지면 책을 읽어 다시 마음을 다잡았습니다.

그러던 어느 날, 이 소녀가 다음과 같은 글을 거울 앞에 붙여놓았습니다.

'48킬로그램 S라인'

처음엔 이것 한 장뿐이었습니다. 여러분, 이걸 보고 어떻게 하는 것이 코칭일까요?

"그래, 넌 잘할 거야. 할 수 있어."

이렇게 하면 될까요? 물론 나쁘지는 않지만 고등학생에게 이런 말을 하면 "짜증 난다"고 합니다. 그러면 어떻게 해야 할까요? 아이가 표현한 내용을 미러링해 주는 것이 가장 간단하고 쉽고 좋은 방법입니다.

일단 부드럽고 잔잔한 목소리로 "아, 48킬로그램이 되고 싶구나! 48킬로그램이 되면 하고 싶은 것은 뭐야? 그 몸무게가 되면 어떤 점이 좋을까?" 등의 질문을 통해 인정, 존중, 지지, 칭찬을 해 줍니다. 이렇게 했더니 방 안에 온통 다음과 같은 내용들이 계속 붙습니다.

'그만 먹어!! 먹지 마!'

'아직도 멀었다. 48킬로그램으로 될 수 있어♡ 조금만 더 참아라!!'

과거에는 "그런다고 살이 빠져? 그만 좀 먹어라. 냉장고 문 또 여니? 네가 그렇게 먹어 대니 살이 찌지"처럼 수없이 많은 비난과 경멸의 원수 대화를 쏟아 내던 부모였습니다. 이제는 기회가 될 때마다 부드럽고 잔잔한 목소리로 "48킬로그램 되기 위해 무엇을 해 볼래?" 물었더니 아이는 살 빼는 다양한 방법을 생각하면서 계속 써서 붙였습니다. 바로 우리 딸 이야기입니다.

먹고 자고 게임을 하던 시절, 딸아이는 한 달에 10킬로그램 이상 몸무게가 는 적도 있습니다. 급기야 80킬로그램을 넘어가더니 게임 중독, 대인 기피, 우울증까지 와서 심각한 위기의 상태가 되었습니다. 그래서 아이를 살리겠다고 저는 코칭, 리더십 공부를 시작했습니다. 그 이후 아이를 존중해 주는 다가가는 말을 건네기 시작했습니다.

그랬더니 아이는 신이 났습니다. 방 안 가득 더 많은 것을 써 붙입니다. 늘 시키고 명령하던 제가 이제는 "무엇을 해 보고 싶어? 어떻게 해 볼래? 엄마는 무엇을 도와줄까?"라고 했더니 구체적인 계획들을 써서 붙여 놓았습니다. 그리고 나중에는 항목별로 체크하며 다이어트를 위한 계획을 실천해 나갔습니다.

그리고 어느 날 보니 눈물겨운 메모가 벽에 붙어 있었습니다. 바로 '다이어트 성공하면 선물로 먹어 주마'였습니다. 무엇을 먹겠다는 것이었을까요? 바로 수제 돈가스였습니다. 살찐 아이들이 좋아하는 치킨, 돈가스, 피자. 전에도 앉은자리에서 3인분까지도 거뜬히 먹어 대던 아이가 먹고 싶은 것을 참으며 다이어트를 하고 있었던 것입니다. '다이어트 성공하면 선물로 먹어 주마'라고 적힌 종이를 떼어 내면 바로 음식점 전화번호가 나옵니다.

이렇게 치열하게 다이어트를 하며 살을 빼던 아이가 어느 날은 "엄마, 살이 어느 정도 빠지더니 이제는 더 이상 체중이 줄지 않아요" 하고 울상이 되어 있습니다. "그럼 지금까지 시도하지 않았던 방법을 생각해 보자. 어떤 것이 있을까?"라고 했더니 아이는 곰곰이 생각하다가 시간을 많이 투자해 걷기를 해 보겠다고 합니다.

어디서 언제 얼마나 걷고 싶은지 물었더니 집 근처 공원에서 저녁 9시쯤, 2시간 정도 걷겠다고 했습니다. "그럼 엄마는 무엇을 도와주면 좋을까?" 질문했더니 "엄마랑 같이 걸으면 좋겠다"고 합니다. 그날부터 저도 그 바쁜 시간을 쪼개어 아이와 매일 2시간 이상을 함께 걸었습니다. 그렇게 수많은 방법을 동원해도 못 빼던 살이었는데, 3~4개월 후 아이는 전혀 다른 모습이 되었습니다.

어릴 때 무용에 재주가 있었던 딸은 이제 교회에서 예쁜 발레복을 입고 무용 봉사를 할 만큼 살이 빠졌습니다. 대인 기피증도 서서히 사라져 자신감이 생겼고, 우울증도 나아졌습니다.

대화를 하려고 하면 무조건 '모른다'고 청문회식 답을 하던 아이가 이제는 부드러운 목소리로 말하기 시작했습니다.

처음으로
꿈이란 게 생기고

아이가 살을 뺄 수 있었던 데는 또 하나의 중요한 이유가 있었습니다. 코칭을 배우기 전의 저는 아이만 보면 "언제 검정고시 볼래? 언제 대학 갈래?"라고 다그쳤는데, 코칭을 배우고 난 후에는 질문이 달라졌습니다.

"무엇을 해 보고 싶어? 하고 싶은 것은 뭐야?"라고 묻기 시작했습니다. 그런데 아무리 부드럽게 물어도 아이 대답은 별로 달라지지 않았습니다. 여전히 "몰라. 왜 자꾸 그딴 거 물어봐. 하고 싶은 것 없어"라고 화를 냈습니다. 이렇게 열심히 코칭 공부를 하며 노력하고 있는데, 아이가 대답을 불성실하게 하니 화가 끓어올랐습니다.

그런데 어느 날 갑자기 깨달음이 왔습니다. "무엇을 하고 싶니? 어떤 것을 하고 싶니?" 묻기는 하지만, 여전히 제 마음은 "엄마, 저 이제 공부하고 싶어요. 저 이제 대학 갈래요"라는 대답을 기대하고 있었던 것입니다. 이것을 코칭에서는 '에고(ego)'라고 합니다. 내가 정해 놓은 나의 ego. 아이가 그렇게 대답하기를 바란다는 걸 아이도 이미 알고 있었던 겁니다.

어찌 아이들이 이것을 모르겠습니까? 말하지 않아도 아이들은 다 알고 있습니다. 하물며 강아지도 자기를 좋아하는지 싫어하는지 금방 압니다. 저는 어렸을 적 개에게 물린 적이 있어 개를 좋아하지 않습니다. 그래서인지 반려견이 있는 집을 방문하면, 강아지들은 절대로 저에게 오지 않습니다. 이렇게 미물인 강아지도 사람의 마음을 꿰뚫어 보는데, 대단한 잠재력을 가진 우리 아이들이 어찌 질문에 담긴 ego를 모르겠습니까?

아이들이 모른다고 답하거나 대답을 회피하는 것은 어른들이 그들의 ego, 즉 원하는 답을 얻기 위한 유도 질문을 하고 있기 때문입니다. 그런 질문은 '질문'이 아니라 '신문(訊問)'입니다. 질문은 전두엽을 활성화시켜 아이의 의식 수준을 높여 주지만, 신문은 아이를 열받게 하여 파충류의 뇌가 활성화되어 아이 능력을 오히려 저하시킵니다.

어느 날 그 놀라운 사실을 깨닫고 난 후 저는 모든 것을 내려놓았습니다. 아이가 죽을지도 모른다는 긴박한 상황에 처하게 되니 제가 가진 욕심과 아이에 대한 ego가 담긴 기대를 모두 내려놓을 수 있었습니다.

'대학이 뭐가 중요한가? 공부가 뭐가 중요한가? 아이가 살 수

만 있다면, 이 아이가 정상적인 상태가 될 수 있다면 모든 것을 포기할 수 있지 않는가?'

이렇게 모든 것을 내려놓고 나니 마음이 편해졌습니다. 그리고 어느 날 아이에게 이렇게 말했습니다.

"혹시 하고 싶은 것 없니? 공부 안 해도 되고 대학 안 가도 돼. 네가 하고 싶은 것 해. 엄마가 다 도와줄게."

"엄마, 정말 말해도 돼? 안 혼낼 거지? 안 혼낼 거지?" 아이는 몇 번을 물어봅니다. 엄마 마음에 들지 않는 답을 말하면 늘 야단을 맞았던 아이는 또 혼이 날까 봐 걱정이 되었던 겁니다.

"내 말 들으면 엄마 기절할지도 모르는데. 엄마, 정말 안 혼낼 거야?"

"안 혼낼게. 엄마가 이제는 파충류가 아닌 영장류잖니. 다 말해 봐, 들어줄게."

그러자 아이는 안심이 되었는지 "나 하고 싶은 것 하나 있긴 한데. 음……, 음…….."

"빨리 말해. 들어줄게."

"엄마, 나 제과 제빵 하고 싶은데."

아이가 뜸 들여 말한 '제과 제빵'은 정말 제가 이해할 수 없는 분야였습니다. 남들은 다 대학을 간 그 나이에 이제 시작해서 언제 무엇을 하겠다고? 더더욱 여자가 무슨 제과 제빵? 그때는 '삼순이'가 나오는 드라마가 시청률 1위를 차지하면서 대한민국 많은 청소년들이 파티시에가 되겠다고 난리도 아닌 때였습니다. 그러니 앞이 뻔히 보이는 것 같았습니다.

'무슨 제과 제빵! 여자가 그것 해서 뭐하니? 그게 얼마나 힘든 줄 알아? 그리고 돈은 얼마나 많이 드는지 알아?' 등등 하고 싶은 말이 너무 많았습니다. 그러나 아이가 죽는 것보다는 그걸 하는 것이 낫겠다고 생각했습니다.

끓어오르는 화를 누르고 "그래, 네가 하고 싶은 게 제과 제빵이구나" 하고 지지적 피드백을 해 주었습니다. 그리고 "엄마는 무엇을 도와줄까?"라고 물었습니다.

"엄마는 돈만 내주면 돼."

딸은 그날부터 인터넷 검색을 해서 서울 노량진에 있는 모 학원에 거금을 내고 등록을 했습니다. 아침 10시부터 저녁 6시까지 아이는 오전 제과반, 오후 제빵반, 그리고 시험 준비를 위한 실습반 수업까지 하고 옵니다.

학원을 다니던 때는 6, 7, 8월. 1년 중 가장 무더운 때였습니다. 무더위가 기승을 부리는 한여름에 80킬로그램의 거구를 이끌고 아이는 종일 서서 실습을 하고 왔습니다. 집에 오면 샤워를 한 듯 온몸에 땀이 흘렀고, 두 다리는 큰 기둥처럼 부어 있었습니다. 너무 힘들어 그만두겠다고 할 줄 알았는데, 자기 스스로 선택한 일이라서 그런지 포기하지 않았습니다.

그리고 어느 날은 신이 나서 저에게 말합니다.

"엄마, 나 오늘 선생님한테 칭찬받았다~아."

"무슨 칭찬 받았는데?"

"나보고 반죽을 잘한대."

여러분, 저희 딸이 왜 반죽을 잘했을까요? 80킬로그램 거구가 치대는데 반죽이 안 되면 이상한 것 아닌가요? 아이가 만든 빵은 정말 부드럽고 맛있었습니다. 제가 빵을 좋아하게 된 것도 그때 딸이 만들어 가지고 온 빵 때문이었습니다. 딸도 자신이 만든 빵을 먹고 살이 더 찌게 되어 80킬로그램이 넘은 적도 있었습니다. 그 모습을 보는데 정말 제가 미치는 줄 알았습니다.

아이는 제과 제빵 강의를 듣고 시험 준비 실습을 하느라 매일 10인분 이상의 다양한 빵과 과자를 만들어 집으로 가져오곤 했습니다. 그 많은 양을 집에서 다 처리하기 어려워 동네에, 교회에, 제가 근무하는 학교에 가지고 가 "세계적인 파티시에가 될 우리 딸이 만든 빵이니 드시고 기도해 달라"며 나눠 주었습니다. 많은 사람들이 정말 맛있다며 칭찬을 해 주었습니다.

그렇게 열심히 하더니 아이는 얼마 안 가 제과 제빵 기능사 시험에 당당하게 합격해 두 개의 자격증을 받았습니다. 자격증이 나오던 날, 그 자격증을 손에 들고 흔들며 "엄마, 내가 처음으로 해 보고 싶은 것을 해 봤어. 이제는 다른 일도 할 수 있을 것 같아"라며 좋아하던 모습이 눈에 선합니다.

저는 탐탁지 않게 생각했지만, 아이는 자기가 선택한 그 일을 통해 자기도 뭔가 해낼 수 있고, 할 수 있다는 자신감을 얻었던 것입니다. 그 후 아이는 고졸 검정고시에 합격했고 수능 시험을 치러 세 곳의 제과 제빵 대학에 합격했습니다.

자격증도 받고 대학에 합격까지 하니 아이는 제과 제빵에 더욱 관심이 많아졌습니다. 그 분야에서 앞서가는 일본에 가 보고 싶다고 했습니다. 게임만 하던 아이가 무슨 일에든 의욕을 가지게 된 것이 기뻤습니다. 당시는 남편 사업 부도와 여러 일로 정말 어려운 시기였지만, 저는 딸을 도와주고 싶었습니다. 그래서 없는 돈에 당시 설 연휴 4박 5일 동안 딸과 함께 일본 여행을 가기로 했습니다.

그때까지 아직 대인 기피증이 남아 있던 아이는 패키지여행은 싫다며 배낭여행을 가겠다고 합니다. 아이에게 "최소 경비로 최대한 많은 곳을 갈 수 있게 여행 계획을 스스로 세워 봐"라고 했더니 일본 여행 관련 서적을 보면서 계획을 세우기 시작했습니다. 그렇게 일어 한마디할 줄 모르는 상태로 일본 여행을 가게 되었습니다.

아직 쌀쌀한 2월, 4박 5일 동안 일본 유명 제과점들을 거의 걸어서 방문하는 여행은 무척 힘들었습니다. 무엇보다 감정 기복이 심한 아이 비위를 맞추는 것이 정말 어려웠습니다. '내 돈 들여서 내가 왜 이런 고생을 해야 하나?'라는 생각에 혼자 돌아가고 싶은 순간도 많았습니다.

그러나 생각해 보니, 집에서 게임만 하고 폐인이 되어 가던 아이가 이렇게 나와 돌아다녀 주는 것만으로도 고마웠습니다. 이렇게 살아 있으니 같이 여행할 수 있구나 싶어 감사했습니다.

아이가 각 제과점에서 사는 형형색색의 케이크들은 가격도 엄청 비쌌습니다. 얼마 되지 않는 돈을 들고 간 저는 속이 타들어 가는 것 같았습니다. 아이는 케이크를 사서 숙소로 돌아와 사진을 찍고 늦게까지 맛을 봅니다. 종일 걸어 다녀 살이라도 빠질까 했는데, 그 다양한 케이크들을 저녁마다 맛보니 두 모녀는 살이 빠지기는커녕 4박 5일 후 살이 엄청 쪄서 돌아왔습니다. 그래도 아이 모습이 점점 밝아지는 것을 보니 흐뭇했습니다.

3월이 되어 딸은 제과 제빵 대학에 다니기 시작했습니다. 제가 원하는 대학은 아니었지만, 그래도 아이가 활동을 시작하고 대학을 다니고 있는 사실에 안도의 숨이 쉬어졌습니다. 내 딸이 '세계적인 파티시에'가 되는 줄 알고 열심히 밀어주었습니다. 그런데 그것도 잠시, 아이는 두 달 정도 다니더니 어느 날 이렇게 말합니다.

"엄마, 제과 제빵은 취미로 할 일이지 전공할 일은 아니야. 아무래도 학교 그만두어야 될 것 같아."

기가 막혔습니다.

'뭐? 겨우 두 달 다니고 학교를 그만둬? 지금까지 투자한 돈이 얼만데. 그 비싼 등록금을 내고 그만둔다고?'

수많은 원수 되는 말이 입에서 튀어나오려 합니다. 하지만 그렇게 말해 봐야 아무 소용이 없다는 것을 알고 있었습니다. 치밀어 오르는 화를 참으며 차분한 목소리로 말했습니다.

"살아 있으면 되지. 살아 있으면 돼."

아이는 다시 집에서 놀기 시작했습니다. 그런데 옛날과는 달리 게임은 거의 하지 않고 책을 읽는 날도 있고, 늘 무언가를 하고 있었습니다. 한번은 아이가 '쓰면 이루어진다'라는 내용을 어느 책에서 읽게 되었나 봅니다. 아이는 "노는 동안 살이라도 빼야지"라며 자기 방에 이렇게 써 붙였습니다.

'48킬로그램 S라인'

그리고 드디어 다이어트에 성공합니다. 살이 빠지니 아이는 더욱 의욕이 생겼습니다. '쓰면 이루어진다'는 사실에 자기 나름대로 공감이 되었는지, 다시 이렇게 써 붙였습니다.

'중앙대학교 심리학과'

그리고 공부를 시작했습니다. 한번은 스콧 애덤스의 책『마법의 문장』에서 '본인의 목표를 하루 열다섯 번씩 30년간 썼더니 목표가 이루어졌다'는 내용을 읽고는 하루 열다섯 번씩 쓰기 시작하였습니다.

그렇게 3개월 정도 독서실에서 무서울 정도로 열심히 공부하고 수능 시험을 다시 보았습니다. 원하는 대학에 합격했을까요? 못 했습니다. 3개월 공부해 그 대학에 들어가면 그 대학이 자존심 상할 것입니다. 언어 영역 2등급, 수리 영역 2등급 등 어느 정도 점수가 나왔는데, 영어가 5등급이었습니다. 영어는 단시간에 해결되기 어려운 과목인 데다가, 워낙 어려서부터 언어에 약했던 아이인지라 점수가 나오기 어려웠던 것이지요. 결국 그 대학에 가지는 못했지만, 아이는 그래도 본인이 조금은 관심이 있는 서울 근교의 모 대학 사회 복지과에 합격했습니다. 저도 아이도 썩

원하는 과는 아니었지만, 아이가 무언가를 하고 있다는 사실 하나로 위안을 삼기로 했습니다. 그리고 세계적인 사회 복지사가 되기를 희망하며 또 열심히 지원을 아끼지 않았습니다.

그런데 입학을 하고 두 달이 채 되지 않은 어느 날, 출장을 갔다가 일찍 집에 들어가 보니 아이가 방에서 잠을 자고 있었습니다. 아무리 봐도 학교를 가지 않은 듯해서 "학교 안 가고 왜 이러고 있느냐?"고 했더니 "엄마, 애들 수준이 너무 아니야. 나 그 대학 창피해서 못 다니겠어. 그 학교 그만둘 거야" 합니다.

그 소리를 듣는데, 순간 아이의 머리카락을 다 뽑아 버리고 싶을 정도로 화가 치밀어 올랐습니다.

'뭐? 또 대학을 그만둔다고? 너 정신이 있니, 없니? 아니, 돈도 없는데 사립 대학 두 곳을 그만둬? 너 미쳤니?'

입에서 튀어나오려는 원수 되는 말들을 누르고 또 누르는데, 정말 죽을 것 같았습니다. '그래도 정신을 차려야지. 그래, 나는 코칭 전문가, 코치형 부모지……'를 속으로 계속 되뇌었습니다. 그리고 이성을 찾아 따뜻한 목소리로 말했습니다.

"그래. 살아 있으면 돼, 살아 있으면. 네가 가슴 뛰는 일을 찾아 봐."

그리고 아이는 다시 놀기 시작했습니다.

제주 모래사장에
쓴 글씨

어느 날 아이가 여행을 가고 싶다고 했습니다. 마음속으로는 '놀고 있는 주제에 무슨 여행?' 했지만, 집에서 게임하는 것보단 낫겠다는 생각이 들었습니다. 옛날 같으면 "○○으로 가자"고 말했겠지만, 코칭을 배웠으니 "어디 가고 싶어?" 물으니 아이는 "제주도에 가고 싶다"고 합니다.

"그래. 그럼 엄마는 무엇을 도와줄까?"

"돈만 내주면 돼."

아이가 제주도 갈 계획을 세우다가 이렇게 말합니다.

"그런데 엄마, 나는 친구가 없어. 누구랑 가지? 혼자 가긴 그렇고. 엄마가 따라가 줄래?"

정말 바쁘고 정신이 없던 때였지만, 원수처럼 지내던 엄마에게 함께 여행 가자는 말을 해 준 것에 너무나 감동을 받아서 만사를 제쳐놓고 아이와 여행에 나섰습니다. 3박 4일 제주 여행은 일본 배낭여행보다는 나았지만, 아이의 감정 기복이 심해 역시나 힘들었습니다. 비행기 타고 혼자 서울로 가고 싶은 적도 많았지만, 잘 참고 같이 다녔습니다.

제주도 해수욕장에 갔을 때입니다.

"엄마, 원하는 것을 쓰면 이루어지더라고. 사진 좀 찍어 봐."

아이는 이렇게 말하며 이호해수욕장 모래사장에 무언가를 쓰기 시작합니다. 자세히 읽어 보니 '○○아, 남친 생겨라'였습니다. 순간 속에서 불이 올라왔습니다.

'언제 철들래? 멀쩡하게 다니던 학교 다 그만두고 집에서 놀고 있는 주제에 뭐, 남친?'

이 말이 입 밖으로 곧 튀어나올 거 같았지만 '나는 코치다'라고 되뇌며 꾹 참았습니다. 그리고 아이가 선택한 것에 지지적 피드백을 해 줬습니다. "어머, 남자친구가 생기길 원하는구나? 남자친구 생기면 뭘 하고 싶어?"

아이가 "엄마, 내가 왜 남자친구 생겼으면 하는 줄 알아?" 되묻습니다. 속으로는 '하나도 안 알고 싶어, 이것아'라고 말하고 있었지만, 겉으로는 부드럽고 잔잔한 목소리로 "이유가 뭔데?"라고 물었습니다. 그랬더니 아이가 속에 있는 이야기를 털어놓습니다.

"집에서 게임을 하다가 너무 지겨우면, 가끔 자살하는 아이들 생각을 했어. 나도 자살을 해 볼까? 그럼 어떻게 죽을까? 차에 치여 죽을까? 떨어져 죽을까? 별별 생각을 다 하는데, 어느 날 곰곰이 생각해 보니 세 가지 이유 때문에 죽지 못하겠더라고. 첫 번째는 내가 여자로서 맨날 빅 사이즈의 헐렁한 티만 입어야 한다는 사실이 수치스러웠어. 나도 배꼽티도 입어 보고 비키니도 입어 보고 싶었어. 그다음 나도 대학다운 대학에 가서 제대로 공부하고 싶다는 생각이 들었어. 세 번째는 다른 아이들 다 사귀는 남자친구 한 번도 못 사귀어 보고 죽으면 너무 억울할 것 같아서 못 죽겠더라고. 그래서 죽는 걸 미루고 있는데, 어느 날부터 엄마가 달라지는 거야. 엄마가 달라지고 나니 죽을 이유가 없어졌어. 이제 살도 뺐으니 남자친구도 생기면 좋겠어."

딸의 말을 듣고 나니 안 죽고 살아 있어 다행이라는 생각이 들었습니다. 그러나 또 한편으로는 '그래, 기껏 생각한 게 남자친구냐? 공부는 언제 하고?'라고 말하고 싶기도 했습니다. 물론 이번에도 꾹 참고 부드럽고 잔잔한 목소리로 "그래. 너는 몸매도 얼굴도 예쁘니 좋은 남자친구 생길 거야"라고 말해 주었습니다.

딸은 저만큼 걸어가더니 모래밭에 또 무언가를 씁니다. 얼른 사진을 찍으러 갔더니 이렇게 쓰여 있었습니다.

'○○이 미국 가요.'

이것을 보는 순간 하고 싶은 말이 정말 많았습니다.

'네 아빠 사업이 망해 길거리에 나앉게 생겼는데, 언감생심 무슨 미국?' 그렇게 말하고 싶었지만 제가 코치라는 사실을 머리에 되뇌며 지지적 피드백을 해 줍니다. "어머! 미국에 가고 싶구나? 미국 좋은 곳이지."

아이가 묻습니다.

"엄마, 내가 왜 미국 가고 싶은지 알아?"

"왜?"

"미국 가서 나 심리학 공부하고 싶어."

이 말을 듣는데 갑자기 뒤통수를 맞은 기분이었습니다.

'뭐, 심리학? 집안이 빨리 망하려면 정치를 하고, 서서히 망하려면 심리학 하라고 하더라. 한도 끝도 없는 것이 심리학이야. 너 미국 심리학이 어떤 것인지나 알아? 영어 한마디도 못하면서 무슨 미국 심리학?'

하고 싶은 말이 너무 많았습니다. 그럼에도 불구하고 아이에게 해 준 지지적 피드백!

"어머, 심리학을 공부하고 싶구나. 요즘 심리학이 뜬다고 하던데. 네가 하면 잘하겠다. 그런데 심리학 공부해서 하고 싶은 것이 뭐야?"

이렇게 지지해 주었더니 "엄마, 내가 왜 심리학 공부하고 싶은 줄 알아?" 하고 다시 묻습니다. "왜?"

"나는 용기가 있어서 학교를 그만두고 나왔지만, 용기 없는 친구들은 정신과 약 먹고 상담사에게 상담 받으면서 학교 다니더라고. 우리 학교에서 1년에 1~2명씩 자살을 했어. 그 아이들이 왜 죽는 줄 알아? 나도 자살을 생각했을 때 자살하고 싶은 이유는 바로 복수하고 싶어서였어. 내가 죽으면 가장 슬퍼할 사람이 누구인가 생각했더니 바로 엄마 아빠더라고. 그렇게라도 복수하고 싶은 생각이 들더라고. 그런데 막상 죽으려고 하니 살아야 할 이유가 많이 있었어. 나는 그 이유들을 생각하며 죽지 않았는데, 그렇게 살아야 할 이유들을 뒤로하고 죽는 아이들은 살 수 있는 방법을 찾을 수 없어서 그런 거야. 엄마, 나는 나처럼 힘든 청소년기를 보내는 아이들에게 심리 상담을 해 주고 싶어."

딸이 자기처럼 힘든 청소년기를 보내는 아이들을 도와주고 싶다는 말을 하는데 얼마나 미안하던지, 가슴이 미어졌습니다. "딸아, 미안하다. 너의 행복한 유년기, 행복한 청소년기, 행복한 여고 시절을 빼앗은 이 엄마를 용서해다오."

아이는 "엄마는 뒤늦게라도 이렇게 깨달았으니 다행이야. 아직도 깨닫지 못한 이 땅의 수많은 부모님과 선생님, 그분들을 위해 강의하고 전해 주세요"라며 오히려 저에게 힘을 실어 주었습니다.

딸의 애절한 부탁에 저는 오늘도 이렇게 여러분 앞에 서서 절규를 쏟아내고 있는지도 모릅니다.

그날 아이는 펜션으로 돌아와 주차장에 서 있는 고급 외제차 옆에서 한껏 폼을 잡더니 "엄마, 빨리 찍어 봐. 나는 미국 가서 이런 차 타고 학교 다닐 거야" 합니다. 제 마음속에서는 '이 차가 얼마나 비싼 줄 알아?'라고 말하고 싶었지만 "어머, 이런 차를 타고 싶구나. 그래, 언젠가 우리 딸도 이런 차 타는 날이 올 거야"라며 지지를 해 주었습니다.

미국행
비행기 표를 끊다

당시 제 사정으로는 딸을 미국에 보낼 수가 없었습니다. 남편 사업은 점점 악화되었습니다. 결국 우리 가족은 집에서도, 학교에서도, 심지어 교회에서도 사채업자들의 공갈 협박에 시달리는 처지가 됐습니다. 이런 엄청난 상황에 시달리면서 저는 병원에 여러 번 입원했습니다. 교통사고와 질병을 겪었고, 대수술도 두 번이나 받았습니다. 미국행은 꿈에도 생각할 수 없는 형편이었습니다.

하지만 이렇게 어려운 시기에도 꾸준히 코칭과 리더십 관련 공부를 한 결과, 여러 자격증을 소유하게 되었습니다. 저의 경험에 학습을 통해 습득한 이론을 접목해 강의를 했더니 폭발적인 반응이 나타나기 시작했습니다. 처음에는 서울의 각 학교와 교육연수원에서 강의했는데, 시간이 지나자 전국 방방곡곡에서 강의 요청이 몰려들었습니다.

그러던 중 미국에 살고 있는 친구가 그곳에 와서 강의를 한 번 해 줬으면 좋겠다고 연락을 해 왔습니다. 제가 가장 힘들었던 시기에 가장 큰 위로를 보내 준 친구였습니다. 그렇게 피츠버그에 가게 되었는데, 가만히 생각해 보니 코칭의 성공 사례 '증거물'인 딸을 데리고 가면 좋을 것 같았습니다. 막상 딸이 같이 가겠다고 할지도 모르겠고, 여행 경비를 마련할 방법도 문제였습니다. 그래도 "엄마가 강의하러 미국 갈건데 너도 같이 가자"고 운을 뗐더니, 의외로 순순히 "그래. 내가 따라가 줄게" 하더군요.

아이가 가겠다고 하니 이제는 돈이 문제였습니다. 다행히 교사는 대출을 받기가 쉽죠? 500만 원을 대출받아 아이와 미국에 가게 되었습니다.

강의를 마친 후 저는 학교 일정 때문에 곧바로 돌아왔고, 아이는 약 한 달간 미국에 머물렀습니다. 그리고 모 대학에서 2주간 무료 청강을 하게 되었습니다. 그 대학에서 한국 남자 유학생이 저희 딸에게 첫눈에 반했으니, 그 짧은 기간 동안 서로 '사귀자' 약속을 한 모양입니다.

아이가 귀국하는 날 공항으로 마중을 나갔는데, 아이는 엄마 얼굴은 잠깐 쳐다보고는 이내 전화기를 붙들고 놓을 줄을 모릅니다. 집에 오는 내내 연락을 주고받고 난리가 났습니다. 그렇게 날이면 날마다 문자를 주고받고 하더니, 미국에서 귀국한 지 6개월 후 기적 같은 일이 일어납니다. 아이가 제주도 여행할 때 바닷가 모래밭에 썼던 것처럼 미국 대학으로 떠나게 된 것입니다.

아이는 미국에 갈 때 엄청 스트레스를 받았습니다. 영어도 제대로 못하는데, 어학원을 통해 가는 것도 아니었습니다. 그렇다고 누군가 적극적으로 도와줄 사람이 있는 것도 아니고, 넉넉한 돈이 있는 것도 아닌, 그야말로 '맨땅에 헤딩'하는 상황이었으니 오죽했겠습니까. 제가 바빠서 짐 하나를 챙겨 주지 못하니, 아이는 여권 및 비자 발급부터 대학 입학 허가 취득까지 모든 것을 이 사람 저 사람에게 물어보며 직접 처리해야 했습니다. 그 과정에서 살이 엄청나게 빠졌습니다. 이 생각 저 생각에 잠을 이루지 못하는 것 같았습니다.

미국으로 떠나기 전날, 밤새 짐을 트렁크에 넣었다 뺐다 하면서 아이는 극도로 예민해져 있었습니다. 돈이 없어 여러 경유지를 거치는 싼 비행기를 타야 했으니, 그 많은 짐이 더더욱 부담스러웠겠지요. '성격도 내성적인 아이가 영어도 잘 못하는데, 그 많은 짐을 들고 미국까지 잘 갈 수 있을까? 그곳에 가서 잘 적응할 수 있을까? 가서 우울증이 심해져 무슨 일을 저지르지는 않을까?' 저 역시 별별 생각이 다 들었습니다.

다음 날 공항에 데려다주면서 저는 아이에게 이렇게 말했습니다.

"너는 그곳에 공부하러 가는 게 아니야. 너는 살러 가는 거야. 힘들면 언제든지 돌아와도 돼. 엄마에게 중요한 것은 너니까, 네가 살아 있다는 사실만으로도 감사해."

그렇게 아이를 미국으로 보냈습니다. 딸이 가기 전 제 생일 선물과 함께 전해 준 눈물겨운 편지는 제 가슴에 오래도록 남아 있습니다

이 세상에서 가장 사랑하는 엄마에게!
정말 자랑스럽고 대단하신 사랑하는 나의 엄마!
생신 축하드려요!!
아무것도 하지 않고 있는 딸
늘 자랑하고 다니시고
항상 용기를 심어 주고, 긍정적으로 생각해 주고, 큰 꿈을 갖게 해 주고, 어려울 텐데 미국도 보내 주시고…….
정말 고마워요!
어디 가서나 엄마 이야기를 하면 난 정말 복 받은 아이라고 말해요.
나도 그렇게 생각해요!
늘 믿어 주고 또 믿어 주고, 기다려 주고 또 기다려 주고…….
그리고 끊임없이 공부하는 우리 엄마!
정말 자랑스럽고, 그런 엄마가 내 엄마임을 감사드려요.
열심히 공부하고 노력해서 꼭 성공하여
엄마 노후 완전 보장 받도록 해 드릴게요.

사랑하는 엄마의 생신을 축하드리며
당신의 아름다운 딸 ○○ 드림

미국 대학
심리학과에 입학하다

딸 걱정에 잠을 제대로 이루지 못하다가 미국에 무사히 도착했다는 소식을 듣고 얼마나 깊은 안도의 숨을 쉬었는지 모릅니다.

그런데 미국에 간 지 3일 후, 딸에게 문자가 왔습니다.

"엄마, 나 너무 힘들어. 도저히 여기 못 있겠어. 다시 한국으로 가야겠어."

기가 막혔습니다.

'아니 정신이 있는 거야, 없는 거야? 얼마나 많은 돈과 시간을 들여 갔는데, 며칠이나 있었다고 벌써 돌아와?'

이렇게 문자를 보내고 싶었지만 코칭 마인드를 기억하며 마음을 다 잡았습니다.

"많이 힘들어 돌아오고 싶구나. 얼마나 힘들면 그런 생각을 하겠니? 돌아오고 싶으면 언제든지 돌아와. 네가 살아 있는 것이 중요해. 엄마가 비행깃값 보내 줄까?"

이렇게 마음을 읽어 주는 문자를 보냈더니 "엄마, 그 비싼 돈을 주고 왔는데 어떻게 그냥 돌아가. 돈이 너무 아깝잖아. 조금 더 참아볼게"라는 답장이 왔습니다. 만약 제가 "벌써 돌아오느냐"고 야단을 치며 원수 되는 말을 했다면 절대로 나오지 않았을 답이었습니다. 아이는 저의 지지적 피드백이 도움이 되었는지 잘 견뎌 주었습니다.

그런데 나중에 알게 되었습니다. 영어가 되지 않아 모든 것이 너무 힘들었다는 것을. 특히 처음에는 어디 가서 어떻게 먹을 것을 사야 하는지 몰라서 남자친구가 사다 준 피자 몇 조각과 바나나 몇 개로 거의 일주일을 버텼다고 합니다. 그렇게 먹으니 일주일 만에 3킬로그램 이상이 빠져서 더운 여름에 쓰러질 정도였다고 하더군요.

가까스로 어학 과정에 입학해 공부를 시작했는데, 보통 6개월이면 끝내는 과정을 딸아이는 1년을 거쳐 마치게 되었습니다. 언어 영역에 유난히 약했기 때문이지요. 그 후 ACT(미국 대학 입학 학력고사)를 보고, 대학의 심리학과에 지원했으나 떨어졌다는 소식이 날아왔습니다. 마음 같아서는 미국에 쫓아가 아이 머리카락을 죄다 뽑아 놓고 싶었습니다. 대신 이렇게 문자를 보냈습니다. "너는 그곳에 공부하러 간 것이 아니고 살러 간 것이야. 살아 있으면 돼. 지금까지 살아 있으면 잘하고 있는 거야. 걱정하지 마.

언제든지 한국 오고 싶으면 돌아오는 비용 보낼 테니 돌아와." 그랬더니 "엄마, 미안해요. 열심히 한다고 했는데"라는 답장이 왔습니다. 며칠 후 아이에게 다시 문자가 왔습니다.

"엄마! 내 앞에 있는 아이 몇 명이 등록을 하지 않아 추가 합격을 했어요. 저 대학 다닐 수 있게 되었어요."

드디어 그 대학 심리학과에 딸이 합격을 한 것입니다. 그 후 딸아이는 디즈니랜드에서 여러 남자 친구들과 찍은 사진 몇 장을 저에게 보내 주었습니다. 체험 학습을 갔을 때 찍은 사진이라는데, 친구 한 명 없던 과거는 상상이 되지 않을 만큼 행복하고 예쁜 모습이었습니다. 코치형 부모는 자녀의 또래 관계를 좋게 한다는 가트맨 박사의 연구 결과를 이렇게 증명할 수 있었습니다.

한참 후 딸은 한 장의 사진을 보내며 이렇게 문자를 했습니다. "엄마, 나 요즘 이런 차 타고 학교 다녀요. 정말 신기하지 않아요? 제가 썼던 것들이 다 이루어지고 있어요. 남자친구 생기고, 미국 와서 심리학 공부하고, 이제 바로 그 차까지 타고 다니게 되어 저 요즘 소름 끼치려고 해요."

사진 속 차는 제주도에서 아이가 '미국 가서 타고 다닐 것'이라고 했던 바로 그 외제차였습니다. 저도 깜짝 놀라 어떻게 된 일이냐고 물었더니 "미국에서 친구 한 명을 사귀었는데, 그 친구가 이 차를 가지고 다녀 얻어 타고 다니는 것"이라고 했습니다. 바로 이 차 주인과 딸은 무려 3년간 룸메이트를 하게 되었습니다.

올A
성적표

코칭을 배우고 저희 모녀는 대화를 나누기 시작했습니다. 처음에 가트맨 박사의 다가가는 대화를 배우고 인정, 존중, 지지, 감사, 격려의 말을 하려 했으나, 안 하던 짓을 하려니 입이 떨어지지 않았습니다. 오금이 저려 도저히 실천이 되지 않았습니다. 그래서 문자로 연습을 시작했습니다. 썼다 지웠다를 수없이 반복했습니다. 문장 자체도 너무 어색하고, 아이들이 이런 문자를 받으면 어떻게 나올지 걱정도 되었습니다. 수없이 쓰고 지우고를 반복하다가 어느 날 '에라, 모르겠다' 하고 보냈습니다.

"사랑하는 딸! 우리 딸이 엄마 딸이어서 정말 고마워요."

잠시 후 딸에게서 전화가 왔습니다.

"엄마, 누가 이런 문자 보내래. 어디서 이상한 것 배웠지? 가증스러워. 적응 안 돼. 나한테 무엇을 바라는 건데? 하던 대로 살아."

싸늘한 아이의 말에 저 역시 상처를 받아 그만두고 싶었습니다. 지금까지 배운 모든 것을 던져 버리고, 아이에게 똑같이 퍼부어 주고 싶었습니다. 그러나 '조금씩 자주 반복하라'는 말씀을 떠올렸습니다. 아이 눈치 봐 가며 비슷한 문자를 계속 보냈습니다. 그러자 언젠가부터 아이에게 답 문자가 오기 시작했습니다.

"사랑하는 엄마, 엄마가 내 엄마여서 정말 감사해요."

다가가는 말을 생활화하였더니 아이의 전두엽이 활성화되었는지, 유학 중의 어느 방학에는 이런 일도 있었습니다. 잠시 시간을 내어 한국에 온 아이는 방 안 가득 다음과 같은 드림 리스트를 붙여 놓았습니다. 게임만 하며 하루하루 시간을 죽이던 무기력했던 모습은 온데간데없고, '쓰면 이루어진다'는 말을 굳게 믿는 모습이었습니다. 리스트를 가만히 살펴보니 '올A 받기'가 있었습니다. 어찌나 반가운지, 아이에게 물었습니다.

"영어가 좀 들리니?"

"하나도 안 들려."

"말은 좀 하니?"

"아니. 나 내성적이라 말 안 하는 것 알잖아."

아직도 내려놓지 못한 제 마음 구석에 있는 *ego*가 슬금슬금 기어올라오고 있었던 것이지요. 아이가 미국 가서 얼마나 공부하고 있는지 확인하려는 제 마음을 아이에게 또 들켜버린 것입니다. 그러니 아이가 퉁명스럽게 대답한 것입니다.

아이의 대답에 다시 속이 부글부글 끓어오릅니다. 하지만 코치형 대화인 지지적 피드백을 하려고 노력했습니다.

"그럼에도 불구하고 올A를 받고 싶구나."

"엄마, 나 올A 받아서 장학금도 받고 조기 졸업도 할게."

속으로는 '올A는 바라지도 않는다. 입이나 떼고 와, 이것아' 이렇게 말하고 싶었지만 부드럽고 잔잔한 목소리로 말했습니다.

"그래, 우리 딸이 맘먹으면 못할 게 뭐 있겠어. 우리 딸은 꼭 해낼 거야"라고 말했습니다.

아이는 미국으로 돌아갔고, 시간은 또 흘러 한 학기가 마무리되었습니다. 그리고 그 학기 성적표가 눈물 어린 편지 한 통과 함께 이메일로 날아왔습니다.

'쓰면 이루어진다!'

올A를 받은 성적표였습니다.

아이는 올A 맞은 것이 기쁘면서도 한편으로는 엄마가 다음 학기에도 같은 점수를 기대할까 봐 걱정이 되었나 봅니다. 편지에 "엄마, 이번 학기는 제가 제일 쉬운 과목만 골라서 올A 맞은 거예요. 다음 학기는 기대하지 마세요"라고 썼더군요. 저는 이렇게 답장을 보냈습니다.

"엄마는 올A가 중요하지 않아. 우리 딸이 그곳에서 건강하게 학교에 다니고 있다는 사실이 고맙고, 한국어 한마디 없는 영어로 된 시험지를 읽었다는 사실만으로도 감사해."

아이에게 이렇게 편지를 보냈지만 한편으로는 '미국은 다 올

A를 주나?' 이런 생각을 하였습니다. 제가 참으로 한심하지요? 나중에 미국 심리학과 공부는 낙제만 안 해도 대단하다고 할 만큼 어렵다는 것을 알게 되었습니다. 그리고 우연히 그 대학 졸업생을 만나게 되었는데, 유학생이 첫 학기에 올A를 받는 것은 정말 어려운 일이라며 대단하다는 말을 들었습니다.

아들딸과 함께한
꿈같은 미국 여행

영어 한마디 제대로 못하는 상태로 미국 대학에 간 딸은 눈물겹게 공부를 했다고 합니다. 그 학교에 다니는 대부분의 유학생들은 초·중·고교 시절에 유학을 왔기 때문에 어느 정도 영어에 익숙했고, 대학생이 되어 유학을 온 학생은 우리 딸을 포함해 아주 극소수였다고 합니다. 딸의 영어 실력은 일상 대화도 어려운 수준이었기 때문에 강의 내용은 더더욱 알아들을 수 없었습니다.

그래서 아이는 엉덩이에 피부병이 생길 정도로 남보다 몇 배는 더 노력해야 했습니다. 게다가 딸아이는 보이지 않는 인종 차별을 은근히 받아야 했고, 허리띠를 졸라매야 할 만큼 가난했습니다. 그만두고 집으로 돌아가고 싶은 날들이 수두룩했지만 엄마의 지지적 피드백과 응원에 도저히 그럴 수 없었다고 합니다. 학점을 잘 받아 어떻게든 장학금을 받아야 했고, 조기 졸업을 위해서는 방학에도 수업을 들어야 했습니다.

공부할 때 가장 어려웠던 것은 그룹 과제를 하는 것이었다고 합니다. 그룹별로 과제를 처리하여 발표해야 하는데, 영어가 잘 안되니 팀 아이들이 무시했던 모양입니다. 그런데도 딸아이는 자료를 찾아 정리하는 능력이 뛰어났기에 그 상황을 견딜 만했다고 합니다.

그런데 그것보다 더 힘든 것이 있었으니 바로 교수님이 "What do you think?", 즉 "네 생각은 뭐야?"라고 물을 때였다고 합니다. 딸이 방학 중 집에 왔을 때 이런 말을 하더군요.

"엄마, 교수님이 '네 생각은 뭐야?' 질문할 때 나한테 아무 생각이 없다는 것이 가장 힘들었어. 도대체 내 생각은 뭐지? 나는 왜 아무 생각이 들지 않지? 그 사실이 너무나 한심하고 비참하다는 생각이 들었어. 그에 비하면 영어를 못하는 건 아무것도 아니었어."

딸은 눈물을 보이기도 했습니다. 입시 위주의 주입식 교육에 익숙한 우리 아이들은 자신의 생각을 말할 기회조차 갖지 못한다는 것을, 우리 교육의 암울한 현실을 딸의 말을 통해 절감할 수 있었습니다.

이런 어려움들을 땀과 눈물로 이겨 낸 아이는 결국 대학 4년 과정을 3년 만에, 그것도 평점 4.0 만점에 3.70의 우수한 성적으로 마치게 되었습니다. 1년 학비를 번 셈이니 그 돈으로 딸이 있는 미국으로 아들과 건너가 다 함께 미국 여행을 하기로 했습니다.

약 2주 동안의 미국 여행은 우리 가족에게 매우 의미 있는 시간이 되었고, 두 아이는 이 세상에 둘도 없는 사이좋은 오누이의 모습을 보여 주었습니다. 과거 두 아이가 양쪽 방에 처박혀 게임만 하던 때는 서로 파충류의 뇌가 발달되어 만나기만 하면 으르렁거리며 싸웠었지요. 둘이 치고받고 싸우다가 딸의 코뼈가 부러져 응급실에 실려 간 적도 있을 정도였습니다. 그러나 이제 두 아이는 언제 그런 일이 있었느냐는 듯 긴 시간 같이 여행하며 서로를 위해 주었는데, 그 모습이 참으로 감동적이었습니다. 코치형 부모는 형제 관계도 좋게 한다는 것을 제가 증명한 셈입니다.

우수한 성적으로 3년 만에 대학 공부를 마친 딸이었지만, 막상 귀국 일자가 다가오니 걱정이 커졌나 봅니다. 자신 없는 목소리로 "4년이나 미국에서 공부했는데, 한국 가서 영어 못한다는 소리 들으면 어쩌지?" 하고 걱정했습니다.

저는 이렇게 말했습니다.

"엄마는 성적도 졸업장도 중요하지 않아. 너는 공부하러 거기에 간 게 아니야. 살기 위해 간 거야. 그런데 지금까지 이렇게 잘 살아서 다시 엄마 품으로 돌아오는 것만으로도 대견하고 고마워."

초판 출간 이후 아들과 딸이 어떻게 지내는지 궁금해 하는 독자들이 많았습니다. 그래서 아이들의 근황을 짧게나마 공개하려 합니다.

딸은 미국에서 심리학을 전공하고 돌아와 국내 청소년 기관과 교육 기관에서 근무를 하다 결혼을 했습니다. 저처럼 충청도 남자를 만났죠. 미국에서 공부할 때 아르바이트한 돈으로 6개월 어학 연수를 온 건실하고 정말 속이 꽉 찬 사위를 만나 잠깐 인연을 맺었다가, 딸이 공부를 마치고 한국으로 돌아와 몇 년이 흐른 뒤에 다시 만나 결혼을 하게 되었습니다. 사위의 아버님, 어머님은 모두 교육자셨습니다. 미국에서 딸과 사위가 다른 친구들과 함께 놀러 다닐 때 둘이 이야기를 한 적이 있었는데, 부모님 모두 교육자라는 이야기를 사위에게 들은 딸이 "나는 엄마 한 분만 선생님이었는데도 정말 힘들었는데, 오빠는 두 분 다 선생님이셔서 정말 힘들었겠다"라는 말을 해 둘이 한참 웃었다고 합니다. 다행히 사돈 두 분은 저와 다른 분들이어서 자녀들을 훌륭하게 키우셨습니다.

딸은 지금은 천안에서 6살이 된 손주를 키우고 있습니다. 종족 보존의 거룩한 의무, '생육하고 번성하라'는 신의 명령에 순종하며 국가 발전에 기여하고 있다는 사실이 얼마나 고맙고 자랑스러운지 모릅니다. 딸은 아들을 키우며 최대한 제가 저질렀던 잘못은 하지 않으려고 노력하고 있다고 합니다. 아무도 모르는 타지에서, 그것도 코로나 기간에 출산하였기에 혼자서 외롭고 힘들게 가사와 육아를 했던 딸은 참으로 많은 어려움을 견뎌내고 그곳 생활에 만족하며 살고 있는 천안 시민이 되었습니다. 그동안 출산과 육아로 정신없이 지내다가 아이가 유치원에 다니며 조금의 여유 시간을 갖게 되자 딸은 새로운 도전을 하고 있습니다. 원래 이과의 기질을 가지고 있는 딸은 저의 어리석은 진로 교육으로 많은 시간을 낭비했습니다. 그리고 이제는 이과의 기질을 발휘할 수 있는 새로운 영역의 공부를 하고 있습니다. 그 모습을 보며 또 한 번 미안하기도 하고 대견하다는 생각도 합니다. 앞으로 사랑하는 딸이 어떤 길을 갈지 모르지만, 무엇을 해도 잘 해낼 것이라는 믿음과 기다림으로 딸의 도전을 응원하며 기도하고 있습니다.

철학도 아들

이제 아들이 궁금하시지요? 아들은 제가 원하는 공부도 하지 않았고, 원하는 대학도 가지 않았습니다. 여러분이 이름도 잘 모르는 예술 대학의 문예 창작과 학생이 되었습니다.

아들은 소설을 쓰는 작가가 되고 싶어 했습니다. 아들이 쓰는 글 속의 주인공은 바로 저와 남편입니다. 어려서 부모에게 당한 것을 글 속에 다 풀어내는 듯합니다.

아들은 대학에 들어갔지만 첫 학기에 적응을 하지 못하여 학사 경고도 받았습니다. 군대도 다녀오고 휴학도 하는 우여곡절 끝에 남들은 대학원 졸업할 나이에 졸업했습니다. 취미로 배운 드럼으로 교회 봉사 열심히 하고, 독학으로 배운 기타를 치며 예배 찬양 인도도 하고 있습니다. 가끔 작곡도 합니다.

대학을 다니던 어느 날 아들은 저에게 다음과 같은 글을 보내 주었습니다.

어머니!

저 지금 교수님 만나러 갑니다.

사실 이렇게 만나러 가는 게 별 의미가 있는 것은 아닌데 왜 스스로가 참 대견한지 모르겠네요.

앞으로 어떻게 될지 모르겠지만, 적어도 지금은 죽을 때까지 가슴을 뛰게 할 무언가가 있다는 사실이 참 벅차게 느껴집니다.

제가 다른 공부를 했다면 교수님께 제가 만든 뭔가를 들고 가는 일이 있었을까 싶습니다.

아무리 생각해도 이렇게 좋아하는 일을 할 수 있다는 게 어머니 덕분인 것 같습니다.

참아 주고 기다려 주신 시간들 속의 나의 어머니가 참 고맙습니다.

인류가 달에 첫발 내딛듯 대단한 일을 시작하는 느낌이 드네요.

앞으로 탄탄대로는 아니겠지요.

그래도 계속 믿어 주실 것 같아 참 감사합니다.

다녀올게요.

가끔 걱정이 됩니다.

'아들이 글을 써서 밥은 먹고 살까? 글을 써서 세상을 제대로

살 수 있을까?'

그런데 우리 아들은 '적어도 지금은 죽을 때까지 가슴을 뛰게 할 무언가가 있다는 사실이 참 벅차게 느껴진다'고 합니다. 그래서 저는 믿고 기다려 주기로 했습니다. 제가 믿고 기다려 준다면 언젠가 우리 아들이 쓴 글이 여러분들의 손에 들려 읽히는 날이 오지 않을까요? 더 기다려 준다면 우리 아들의 글이 신춘문예에 당선되었다고, 맨부커상에 선정되었다고 신문에 나오는 날도 있지 않을까요? 더 기다려 준다면 밥 딜런처럼 우리나라 최초의 노벨 문학상을 타는 날도 오지 않을까요?

그런 날이 오지 않는다고 해도 저는 아들이 이 일을 할 때 가슴이 뛴다 하기에 아들의 행복을 위해 기다려 주기로 했습니다.

아들이 써 준 편지에 저는 그날 이런 답글을 보냈습니다.

사랑하는 나의 아들 ○○아!

아주 고맙고 감사해요.

우리 아들이 이렇게 가슴 벅차고 설레는 일을 하며 좋아하는 것을 보니 엄마가 더 기쁘고 가슴이 뛰네요. 우리가 어려움을 겪지 않았다면 전혀 경험할 수 없는 기쁨이지요.

엄마에게 깨달음 주고 우리 ○○이가 가슴 뛰고 설레는 일을 찾게 해 준 일련의 모든 사건과 그 아픔들까지도 정말 감사 또 감사드려요.

힘들고 어려운 일 속에서 내적인 성숙을 거듭하며 잘 자라 준 우리 아들과 딸이 정말 자랑스럽고 대견합니다.

사랑하고 축복합니다.

대학을 졸업한 아들은 더 깊이 있는 글을 쓰기 위해서 철학을 공부하고 싶다며 1년 동안 준비하여 모 대학원 철학과에 입학해 철학 석사 학위를 받았습니다.

석사 학위 논문을 가져다 주던 날, 제 마음은 미안함으로 가득 찼습니다. 논문 제목조차도 이해가 어려운 학문을 공부하는 생각이 많고 깊은 이 아들을 저의 얄팍한 지식과 좁은 생각에 가두려 했으니, 얼마나 답답한 유년기, 청소년기를 보냈을까 싶었거든요.

아들은 그 이후 힘들고 어려운 철학 박사 과정을 무사히 수료하였습니다. 이제 논문만 남았는데 더 많은 공부를 하기 위해 유학 준비를 하고 있습니다. 가끔 고3 때 이렇게 열심히 했으면 지금쯤 정말 자~~알 나가고 있지 않았을까, 하는 세속적인 생각을 합니다. 그러다가도 아마 그때 아이가 자퇴하지 않았으면, 저는 사람이 되지 못하고 파충류 상태에 머물러 있었을 것이고, 우리 아이들은 이 세상 사람이 아닐 수도 있고, 살아 있어도 나와 남남이 되어 있을 것이라는 생각을 하면 온몸에 소름이 돋습니다.

아들은 수업료를 내지 않고 생활비까지 지원받으며 공부할 수 있는 곳을 찾아야 하기에 유학 준비가 만만치 않은 듯합니다. 가장 문제가 되는 언어를 준비하며 가끔은 불안해 하는 모습을 보이기도 합니다. 그런 모습을 옆에서 지켜보며 저 역시도 비슷한 감정이 들기도 합니다. 또한, 적지 않은 나이에 공부를 계속하고 있는 아들의 앞날이 가끔 걱정이 되기도 합니다. 하지만 아들의 꿈과 비전이 꼭 이루어질 것이라는 것을 믿고 기다리며 마음의 지원을 아끼지 않고 있습니다.

감사한 것은 아들 옆에서 늘 응원하며 지지하는 정말 속 깊고 지혜롭고 예쁜 예비 며느리가 있다는 것입니다. 우연의 일치인지 그 예쁜 예비 며느리도 교육자 집안의 자녀이고, 며느리 역시 많은 동료들, 부모님, 학생들에게 사랑을 받고 있는 교육자입니다. 2024년이 가기 전 결혼할 계획인 아들과 예비 며느리에게 감사하고 또 감사합니다.

해마다 연말이 되면 가볍고 쓰기 좋은 플래너를 아들이 선물해 주곤 합니다. 2023년 12월에도 아들은 일부러 시간을 내어 서점을 갔고 2024년 플래너를 선물해 주었습니다. 이때 함께 넣어 준 편지가 너무 감동적이어서 여기에 소개합니다.

사랑하는 나의 어머니께!

어머니! 2023년 한 해 동안 정말 고생 많으셨습니다.
언제나 성실한 모습으로
교장 선생님으로서, 강사로서, 그리고 어머니로서
아름다운 모습을 보여주시며

제 인생의 선배가 되어 주셔서 감사합니다.

그리고 언제나 응원하는 마음으로
제 곁에 계셔 주심 감사합니다.

선생님으로서 마지막 한 해일
2024년에도 올해처럼 멋진 모습 보여 주시며,
인생의 한 막을 잘 마무리하시길 기도하겠습니다.

내년에도 어머니 삶 속에
주님의 은혜가 충만하길 기도하겠습니다.
부족한 아들 믿어 주셔서 항상 죄송하고 감사합니다.

저도 최선을 다하며 어머니처럼 살아가겠습니다.
사랑합니다.

저에게 올해는 1982년 처음 교단에 선 후 43년째 되는 해입니다. 생각해 보니 7살 때부터 지금까지 56년의 반세기가 넘는 세월을 학교라는 공간에서 지내면서 많은 혜택을 누렸더군요. 그래서 그 누구보다 학교를 사랑하고 학교에 감사하며 살고 있습니다.

2025년 2월이면 43년의 긴 교직 생활을 마무리하게 됩니다. 28년의 평교사 생활과 15년 동안 교감, 교장으로 지내며 겪은 많은 경험, 그리고 그동안 공부하고 강의했던 내용들로 퇴직 이후에 어떻게 사회에 기여할지를 고민하며 소중한 하루하루를 보내고 있습니다.

퇴직 이후 더 넓은 세상에서 더 다양한 활동으로 세상의 모든 학생들과 부모님들과의 이유 있는 소중한 만남을 기대하며 마지막 남은 학교에서의 생활을 잘 마무리하기를 기도합니다.

〈에필로그〉
나는 행복한
엄마입니다

'진정한 성공이란 자녀로부터 존경받는 부모가 되는 것'이라는 미국의 설문 조사 결과 내용, 생각나시나요?

언젠가 제 생일날 아들과 함께 식사를 하러 식당에 갔습니다. 평소 잘 알고 지내는 식당 관리자 분이 아들한테 "어머니 정말 좋으시죠?" 하고 물었어요. 그랬더니 아들이 "네, 그럼요. 제가 세상에서 가장 존경하는 분이에요" 하더군요.

불과 몇 년 전만 해도 이런 날은 상상도 못 했습니다. 요즘은 아들딸과 3시간 이상도 대화가 가능합니다. 입만 열면 "얼른! 빨리! 바빠!"를 입에 달고 살던 제가 아이들의 마음을 알아주고 받아 주니 이렇게 기적 같은 변화가 일어났습니다.

저는 남편의 사업 실패 후유증으로 '빚' 가운데 살고 있습니다. 또한 여러 면에서 많이 부족하지만, 두 자녀들로부터 존경받고 있는 저는 분명 성공한 사람이고 행복한 사람입니다.

우리 아이들 덕분에 성장하여 이렇게 여러분과 나누고 있으니 이 또한 성공의 진정한 의미, '성장하여 공유하는 삶'을 실천하고 있는 것이라 생각합니다.

코칭의 힘이 얼마나 위대한지, 아이의 감정을 읽어 주며 지지해 주는 따뜻하고 부드러운 대화가 아이를 어떻게 변화시킬 수 있는지, 많은 부모님들이 저의 부끄러운 과거를 교훈 삼아 중요한 깨달음을 얻으실 수 있기를 바랍니다.

제가 많은 시간과 돈을 투자해서 수많은 코칭 강사 자격증과 전문 코치 자격증을 받고 절망 끝에서 얻은 깨달음은 바로 이것이었습니다.

'최고의 코칭 기본은 내려놓음이고, 가장 훌륭한 코칭 스킬은 믿음과 기다림이다.'

우리 두 아이는 세상눈으로 보면 지금 크게 성공하지도, 크게 보여 줄 것도 없습니다. 하지만 제가 믿고 기다려 준다면 성장해서 공유하며 많은 사람의 영혼을 살리는 멋지고 행복한 국제 지도자로 살아갈 것을 확신합니다.

사람은 세 가지를 만나면 변화한다고 합니다.

좋은 사람, 좋은 책, 좋은 교육.

부족한 저의 사례를 담은 이 책이 여러분과 여러분 자녀들에게 행복한 변화의 계기가 되기를 간절히 기도합니다.

〈그리고 그 후〉

딸이 엄마에게 띄우는 편지

그 많은 세월을 돌고 돌아 이제 딸은 사랑하는 사람과 결혼을 하고 한 아이의 엄마가 되었습니다.

그리고 제게 편지 한 통을 보내왔습니다.

저는 이 편지를 읽고 얼마나 울었는지 모릅니다. 후회의 눈물이기도 하고 감사의 눈물이기도 합니다.

미안하고 또 미안하고, 그리고 고마울 따름입니다.

사랑한다, 아들아.

사랑한다, 딸아.

이 편지는 내 마지막 원망이자
끝없는 감사입니다

엄마, 내 어린 시절은 온통 암흑이었어요. 좋은 기억이 이렇게 하나도 떠오르지 않기도 어려울 것 같아요. 언젠가 엄마가 "넌 싫었던 기억은 다 지워서 좋을 것 같아"라고 농담조로 말씀하신 적이 있지요. 나도 웃으며 그렇다고 대답했지만, 덕분에 내 어린 시절의 기억이 거의 없다는 걸, 남아 있는 것은 가슴 깊이 박힌 상처받은 기억들뿐이라는 걸 엄마는 알고 있을까요. 그리고 기억이 안 난다고 해서 그때의 상처와 감정까지 사라진 건 아니에요. 그때의 경험과 상처, 감정들이 지금도 내 삶을 갉아먹고 있어요. 깊숙하게 숨겨 놨던 기억을 꺼내 보면 어렸을 때 난 내가 아니었어요. 그저 엄마가 정해 준 대로 그 삶에 맞춰 그냥 살아갈 뿐이었어요.

내가 초등학생 때만 해도 아이들이 학원에 그렇게 많이 다니 진 않았잖아요. 그래서 학교 끝나고도 만나서 노는 시간이 많았 는데, 친구들과는 달리 난 학교가 끝나면 매일매일 아주 다양한 학원에 가야 했지요. 공부를 제외하고도 무용, 피아노에서 시작 해 플루트, 수영, 미술, 컴퓨터, 스케이트, 바둑, 장구, 심지어 리 코더까지 학원에 다니며 배웠지요. 그렇게 많은 학원에 다니면 서도 웃기게도 내가 거의 유일하게 배우고 싶었던 바이올린은 배우지 못했어요. 엄마는 바이올린은 아무나 배우는 거 아니라 며, 재능이 있어야 한다고, 난 그 재능이 없다며 배우지 못하게 하셨던 것 기억하세요? 예체능조차 엄마가 가르치고 싶은 것만 가르치셨죠.

그렇게 매일매일 학원에 다닌 결과, 나는 친구들에게 거절당 했어요. 친구들은 "이건 우리만의 비밀이야. 넌 그때 없었잖아"라 고 했고, 내게 학창 시절의 추억은 단 하나도 남아 있지 않아요. 친구들에게 나는 항상 시간이 없는 아이로 낙인이 찍혔고, 나중 에는 시간이 있냐고 묻지도 않더라고요. 마음을 나눌 친구 한 명 없이 저는 잘하지도 못하는, 하고 싶지도 않은 공부를 계속하고 엄마가 가라는 온갖 학원에 다녀야 했어요. 다양한 특기를 배웠 다고 감사해야 한다고 생각하는 사람들도 있지만, 저는 지금 그 것들 중 제대로 할 줄 아는 것이 하나도 없어요. 당연한 일이지 요. 그저 하라고 해서 하는 척을 했을 뿐이니까요. 학원을 다니면 서 자잘한 지식을 얻었을진 모르지만, 가장 중요한 사회성은 얼지 못했지요. 항상 친구들에게 거절당한 기억은 날 내성적이고 소심하게 만들었어요.

소극적이며 내성적이었던 나는 초등학교 동아리를 정할 때 조용히 앉아서 글만 쓰면 될 것 같은 신문부에 들어가고 싶었어요. 조심스럽게 신문부에 들어가고 싶다고 말하는 내게 엄마는 신문부는 공부 시간을 빼앗는다며 나를 방송반에 넣었지요. 당시 방송반은 적극적이고 활달한 친구들이 모여 있는 곳이어서 나는 역시 겉돌았어요.

중학교 1학년 때는 겨우 사귄 친구들에게 또 배척당하고 싶지 않았어요. 그래서 학교 끝나고도 어울리느라 학원도 자주 빼먹고 집에도 늦게 들어갔죠. 당연히 친구들이 엄마 마음에 들지 않았지요. 그래도 그때 저와 어울리던 친구들을 미행해 저와 놀지 말라고 하지는 말았어야 했어요. 그 어리고 예민한 시기의 아이들에게는 이 일이 엄청난 사건이었고, 반 전체에 소문이 나면서 당연히 엄마의 계획대로 난 친구들이 없어졌고 1학년 내내 친구가 없었어요. '학교, 학원, 집'만을 오가며 살았지요.

엄마, 그때 우리 가족은 아빠 사업이 망하면서 살던 집에서도 쫓겨나 산꼭대기쯤 있던 집에서 살았지요. 지금까지 열심히 쌓아 놓았던 모든 걸 잃은 엄마는 희망은 자식밖에 없다고, 더 열심히 공부시켜야 한다고 생각하셨을 거예요. 당신이 어렸을 적 가난해서 못 했던 것들을 자식들에게는 해 주고 싶어서 그렇게 많은 것을 배우게 했는데, 이제는 공부만 겨우 시킬 수 있으니 더 공부에 목매달았을 수도 있죠. 그런데 엄마, 집안이 망하고 매일같이 부모님이 싸우는 소리를 듣고, 다니던 학원들을 못 다니고, 하루에도 몇 번씩 산을 오르락내리락해도 그래도 그건 하나도 상처가 아니었어요. 내게 상처는 오로지 친구 하나 없이 혼자라는 그 사실이었어요.

배우고 싶은 것 배우지 못하고 엄마의 계획에 따라 사는 게 비단 학원들만은 아니었어요. 엄마는 내 미래도 다 정해 놓고 있었어요. 저는 공부를 그다지 잘하지 못했어요. 나는 내 머리가 그다지 좋지 않다는 것을 알고 있었어요. 학원을 그렇게 다니고 공부를 그렇게 하는데도 마음이 없어서 그랬는지 모르겠지만, 성적은 엄마 마음에 들게 나오지 않았지요. 중학교 때 성적은 반에서 상위권 정도, 전교권에서는 중상위 정도를 겨우 했어요. 엄마의 마음에 찰 리가 없는 성적이었죠.

어려서부터 그랬지요. 내가 아무리 열심히 노력하고 스스로 만족스러운 성적을 받아도 만점이 아니기에 칭찬 한 번 듣지 못했어요. 한번은 성적이 만족스럽게 나오지 않아 혼나지 않기 위해 성적표를 위조하기도 했어요. 내가 얼마나 좋은 성적을 받던 항상 공부를 잘했던 오빠와 비교당하며 벼랑 끝으로 내몰렸어요. 그래서 나는 나쁜 성적이 아님에도 일찌감치 내가 공부 쪽은 아니라고 생각했지요.

그나마 유일한 낙이 만화책을 보며 그림을 그리는 것이었어요. 그중 특히 옷을 만드는 만화에 빠져 디자이너가 되고 싶었어요. 그래서 작은 노트 한 권 가득 디자이너처럼 흉내 내며 옷들을 그려 본 적이 있었는데, 엄마는 디자이너가 되겠다는 꿈을 너무나도 자연스럽게 비웃으셨지요. 쓸데없는 짓 하지 말라며, 공부나 더 하라며…….

나의 꿈은 엄마에 의해 서울교대를 졸업해 초등학교 교사가 되는 걸로 정해져 있었어요. 내가 생각하는 세상에는 초등학교 교사 외의 직업은 없었어요. 실제로 나는 성인이 되고 사회에 나와 이렇게 다양한 직업이 있다는 걸 처음 알았어요. 그렇게 다양한 직업이 있다는 걸 알았을 때 얼마나 엄마를 원망했는지 몰라요. 학창 시절 나는 오로지 교사가 되어 엄마의 자랑할 만한 액세서리가 되기 위해 세공 중인, 그러나 그 액세서리가 되기에는 한참 못 미치는 불량품 돌멩이 같은 거였어요.

고등학교에 진학하고 성적은 더 떨어지고 엄마의 꿈과는 점점 더 멀어지며 그저 그런 의미 없는 하루하루를 보내고 있을 때 오빠가 자퇴했지요. 나는 난생처음으로 이런 선택지도 있다고 생각했어요. 오빠는 내가 유일하게 존경하고 존중하는 존재였어요. 나이 차이가 적어 싸우기도 많이 싸웠지만, 오빠는 나를 유일하게 조건 없이 예뻐하고 항상 내 편을 들어주는 사람이었어요. 나는 그런 오빠가 아주 좋아 엄마 말은 안 들어도 오빠 말은 들으려고 노력했지요. 나에게 그런 존재인 오빠가, 항상 상위권 성적을 유지하며 엄마의 자랑이었던 오빠가 자퇴하니, 의미 없이 학교에 다니던 내가 왜 학교에 다녀야 하느냐는 생각이 들었어요. 그 당시 나는 공부도 못했고, 내 고민을 나눌 친구도 없었고, 날 이끌어 줄 존경할 만한 선생님도 한 명 없었어요. 학창 시절의 좋은 기억은 하나도 없는 내가 학교에 남아 발악하고 있는 게 싫고 의미 없어졌지요. 그래서 자퇴를 결심했어요.

엄마는 당연히 엄청나게 반대하셨지요. 자퇴서에 도장도 찍어 주지 않고 학교 앞까지 나를 데리고 가서 등교하는 것을 지켜볼 정도였지요. 그런데 엄마, 그러고 엄마가 가면 나는 그대로 학교 밖으로 나가 영화관에 가 보기도 하고 혼자 시간을 보냈어요. 그러면서 생전 처음 자유를 느꼈어요. 살면서 처음으로 숨을 쉬었어요. 결국 저는 아빠 도장을 훔쳐 스스로 자퇴서에 도장을 찍고 학교를 나왔지요.

내가 자퇴를 결심하고 엄마에게 처음 들은 말은 "너도 오빠 따라 하냐?"였지요. 틀린 말은 아니었지만, 그것만이 전부는 아닌데 내 감정은 들으려고 하지도 않고, 왜 내가 학교를 그만두는지 물어보지도 않고, 무조건 화를 내는 엄마한테 질렸어요. 자퇴하고 나서 마치 세상이 멸망한 양 행동하는 저에게 엄마는 어떻게 하셨나요? 공부가 싫어서, 압박이 싫어서, 어떻게 살아야 하는지 몰라서 학교를 나온 저에게 "그럼 이제 얼른 검정고시 준비해라"라고 하셨죠. 그래서 방에 처박혔어요. 엄마가 소리를 지르며 문을 열라고 칼을 들고 문을 부수려 한 것 기억하세요? 그러다 당신의 화에 못 이겨 쓰러져 정신을 잃었는데, 정말 무섭게도 아무 생각도 감정도 들지 않았어요. 아니, 한편으로는 그 모습이 우스웠어요. 나는 매일매일 그렇게 속으로 죽어 가고 있었으니까요.

고소하기도 했어요. 엄마가 구급차에 실려 가고 다시 집에 돌아오는 동안, 저는 눈길도 주지 않았었죠. 그 후 엄마는 날 밖으로 꺼내려는 시도도 하지 않았던 것 같아요. 처음 반년은 방 안에서 돼지처럼 먹고 자고만 반복했지요. 먹고 자고 아무 생각 안 하고 텔레비전과 만화책만 보면서 살았어요. 그 후 반년은 어떻게 죽어야 할까 생각하면서 살았어요. 자해하기도 하고 방 안에 있는 모든 가구를 때려 부숴 보기도 했지만 내 속에 있던 그 화는 풀리지 않았어요. 내가 죽어야만 이 고통이, 이 화가 끝날 것 같았어요. 하지만 다행인지 불행인지 용기와 결단력이 없었지요. 그때 용기가 조금만 더 있었어도, 결단력이 조금만 더 있었어도 벌써 죽었을 거예요. 그렇게 매일매일 어떻게 죽어야 하나, 어떻게 죽어야 고통 없이 죽을까 생각했어요.

방 안에서만 살기 시작한 지 얼마나 지났는지도 모르겠는 어느 날부터 엄마가 방문을 두드리기 시작했지요. 이야기를 하고 싶다고 했지요. 방에 틀어박혀 있는 두 자녀를 더는 놔둘 수가 없던 엄마가 부모 교육을 다니면서 배우기 시작한 거였어요. 그렇게 공부하면서 조금씩 내게 대화를 걸고 있으셨죠.

하지만 시작은 좋지 않았지요. 오랜 상처와 불신에 마음을 열기가 힘들었어요. 대화를 시도하는 엄마에게 저는 또 어디서 이상한 거 배워 와서 써먹으려고 하지 말라며 소리쳤지요. 그러면 또 엄마는 당신 화에 못 이겨 소리소리 지르고 갔어요. 그렇게 매일매일 문 밖에서 이야기하는 엄마를 보며 '그래, 무슨 소리 하나 들어나 보자'며 대화를 시도한 적도 있었어요. 하지만 처음 대화를 시도하는 엄마는 그저 욕심으로 가득 차 있었어요. 그저 빨리 우리들을 밖으로 꺼내 다시 자신의 자랑거리로 만들고 싶은 마음이 말 한마디 한마디에 녹아 있었지요. 엄마는 아직도 들을 준비가 되어 있지 않았고 교묘하게 자신이 원하는 방향으로 대답을 이끌려고 했어요. 결국, 나의 절규와 엄마의 잔소리와 싸움만 남은 채 대화는 끝이 났어요. 인제 와서 뭘 듣는다는 건지, 듣겠다고 해 놓고 왜 결국은 자기가 하고 싶은 대로 하려는 건지 화가 났어요.

그렇게 다시 방으로 들어가 몇 달을 보냈지요. 엄마는 실패에도 굴하지 않고 계속해서 방문 앞에서 다시 저와 대화하기 위해 노력했던 것이 기억이 납니다. 사실 제가 방문 밖으로 나왔던 것은 엄마의 그런 노력 때문은 아니었어요. 엄마가 방문 밖에서 날 꺼내기 위해 노력하고 있을 때, 저는 매일 엄마가 내게 대화를 거는 것조차도 지겨워지고 이제는 진짜로 죽어 버려서 복수해야겠다고 생각했어요. 그런데 정말 끝이라는 생각이 드니 나 자신이 너무 불쌍해졌어요. 살아생전 해 보고 싶은 거 한 번 못 해 보고 왜 나 혼자 죽어야 하는가. 왜 내가 스스로 한 첫 번째 결정이 죽음이어야 하는가. 그런 억울한 마음에 나 혼자 죽을 순 없다고 생각했고, 그래서 밖으로 나왔어요. 하지만 엄마, 만약 그때 엄마가 그 방문 앞에 없었다면 저는 정말 지금 이 자리에서 이렇게 원망과 감사함이 섞인 이 글을 쓰고 있지 않았을 거예요.

내가 방 밖으로 나와 다시 무엇인가 해 봐야겠다고 생각했을 때, 엄마가 전처럼 날 비웃고 엄마가 만들고 싶은 딸로 만들려 했다면 정말 끝이었겠죠. 그러나 더 이상 엄마는 이전의 날 조종하던 엄마가 아니었어요. 방 밖으로 나와 내가 이제 앞으로 뭘 해 볼까 생각했을 때, 방 안에 틀어박혀 봤던 제과 제빵 드라마가 생각났어요. 그래서 엄마에게 아주 조심스럽지만 퉁명스럽게 제과 제빵을 배우고 싶다고 이야기했지요. 그것이 내가 방을 나와 처음으로 엄마에게 한 부탁이었어요. 사실 기대하지 않았어요. 내가 예상한 엄마의 대답은 언제나 "안 돼"였으니까요. 그래서 언젠가부터는 엄마에게 아무것도 부탁하지 않았었죠. 하지만 엄마의 대답은 "그래, 네가 하고 싶은 거 다 해. 엄마가 다 지원해 줄게"였어요.
엄마, 그거 아시나요? 이 한마디가 나에게 얼마나 중요하고 크고 감사한 한마디였는지. 이 한마디가 고작 이 한마디가 지금 날 살아 있게 했어요. 그 말을 들었던 그때 '아, 내가 바란 게 이 한마디였구나' 깨달았어요. 엄마가 날 온전히 받아 주는 그 한마디. 네가 하고 싶은 것을 해 보라는 그 한마디를 지금까지 단 한 번도 들은 적이 없었어요. 수학을 좋아하던 내가 이과에 가겠다고 했을 때도 "넌 머리가 나빠서 이과 가면 안 돼"라고 말한 엄마였고, 내가 배우고 싶다고 한 것들은 다 '공부에 방해된다'거나 '넌 머리가 나빠서', '넌 오빠와는 달라서', '넌 끈기가 없어서'라며 온갖 이유를 붙여 안 된다고만 하던 엄마가 처음으로 하고 싶은 걸 다 해 보라고 하셨죠. '그래, 네가 하고 싶은 거 다 해 봐.' 그 말을 들었을 그때 처음으로 엄마와 이제는 정말 대화를 할 수 있을 것 같다는 생각이 들었어요.

처음으로 느껴 본 엄마의 친절한 말로 바로 극적인 변화가 있었던 건 아니었죠. 나는 내 이야기를 하는 방법을 몰랐고, 엄마는 제대로 듣는 방법을 잘 몰랐어요. 처음에는 그저 제 요구를 들어 주시는 거였죠. 그것도 그럴 것이 엄마가 질문해도 거부감에 단답형으로 대답하고 어색함에 자리를 피하기 일쑤였으니까요. 대답조차 하지 않고 엄마를 투명 인간 취급하던 내게는 이것도 큰 변화였지만 마음 한구석에는 여전한 불신과 화가 남아 있었고, 한 번도 나에 대해 말해 본 적이 없어서 무엇을 어떻게 말해야 하는지도 몰랐어요. 무엇인가 말하면 또 혼날 것 같은 두려움도 있었어요. 엄마가 언제 또 돌변해 화를 내고 무시하는 말을 할지 몰라 경계했지요.

그때는 엄마도 제게 무언가 질문하고 대화를 거는 것을 어려워하셨다고 생각해요. 제가 엄마의 어떤 친절한 말에도 경계하고 예민하게 반응했으니까요. 항상 비꼬면서 대답하거나 "네, 아니오, 몰라요, 어쩌라고요, 알아서 하세요"가 제 대답의 전부였죠. 제가 그렇게 단답형으로 대답하고 자리를 피할 때 예전처럼 재촉하고 "넌 항상 그런 태도가 문제다"라며 비난했다면, 저는 또 입을 닫았겠죠. 그러나 엄마는 내가 어떤 대답을 해도 예전처럼 화내지 않으셨어요. 그저 기다리고 또 기다렸죠. 물론 화를 꾹꾹 눌러 담는 모습은 보였지만요.

엄마가 화를 참는 모습을 보이면 일부러 더 속을 긁는 말을 내뱉기도 했고, 이때다 싶어 지금까지 내가 받은 상처를 그대로 돌려주겠다는 마음으로 '언제까지 참나' 시험하듯이 상처 주는 말을 서슴없이 해 보기도 했어요. 그래도 엄마는 더는 화내거나 다그치거나 강요하지 않고 묵묵히 기다리셨죠. 오히려 내가 그동안 받았을 상처에 사과하고 내 감정에 공감해 주셨지요. 마치 내가 어떤 말이든 엄마에게 한마디라도 더 하는 것에 감사하다는 듯이 내가 하는 모든 말들을 인정해 주셨어요. 한결같이 참고 노력하는 엄마의 모습에 그렇게 나는 조금씩 조금씩 마음의 문을 열었어요.

엄마, 제가 제과 제빵을 배우기 시작하고 제과 제빵으로 유명한 일본에 가 보고 싶다고 했을 때, 흔쾌히 지원해 주셨던 것 기억하시나요? 그때 우리 집 사정으로는 해외는 물론 국내 여행도 하기 힘들었던 걸로 기억해요. 큰 기대 없이 던져 본 말에 "그럼 네가 계획해 보라"고 여행 안내 책자를 사 주셨죠. 한 번도 내가 스스로 무언가 계획해 본 적이 없어서 아주 서툴고 부족했던 계획이었고, 그런 부족한 모습이 스스로 너무 싫어서 여행 내내 짜증도 많이 냈었어요. 그런데 그 짜증을 엄마는 끝까지 화 한 번 안 내시고 타이르고 받아 주시고 함께 해 주셨던 것이 기억이 나요. 예전 같으면 "네가 다 잘 못해 놓고 왜 짜증을 내냐"며 당장 짐 싸서 돌아갔을 수도 있던 일을 끝까지 참아 주셨죠.

모든 걸 나에게 맡기고 따라 주셨던 것도 좋았지만, 무엇보다 그 여행에서 제일 좋았던 것은 수년간 일본 만화와 드라마에 빠져 일본어를 읽지는 못해도 어느 정도 듣고 말하는 저를 보고 엄마가 생전 처음 보는 표정으로 "일본 만화, 드라마를 본 게 시간 낭비만은 아니었구나!"라며 저를 칭찬하셨던 거예요. 엄마는 지금까지도 일본 이야기만 나오면 "우리 딸이 일본어를 거의 다 알아듣는다"며 자랑하시죠. 그러면 그 정도는 아닌데 하며 민망해하지만 내심 엄마의 그 칭찬이 싫지 않아요. 그 당시도 뚱한 표정으로 있었지만 난생처음 받아 본 칭찬에 마음속으로 얼마나 기뻤던지. 나도 엄마에게 인정받을 수 있구나! 정말 기뻤어요.

엄마, 저에게는 몇 없는 기억 중 행복한 기억으로 남아 있는 것이 두 가지가 있어요. 그중 하나는 시골에 내려가는 차 안에서 동요를 만들어 불렀던 거예요. 오빠는 그게 뭐냐며 웃었지만, 엄마는 제가 만든 동요가 좋다며 함께 즐겁게 불렀었지요. 다른 하나는 제가 무용으로 엄마에게 인정받았던 거예요. 제가 무용으로 무대 위에 올라가면 "너는 무대 체질"이라며 엄청나게 좋아하셨었죠. 무용만큼은 다른 사람들에게 자랑스럽게 이야기하셨었지요. 제가 엄마에게 바랐던 건 이런 작은 인정이었을 거예요. 그런 인정을 정말 몇십 년 만에 타지에서 받았을 때의 기쁨을 잊지 못해요. 만약 엄마가 더 잘하라는 말보다 이런 작은 인정들을 더 많이 해 줬다면, 엄마와 저의 사이가 이렇게 멀리까지 갔다가 돌아오지는 않지 않았을까, 아쉬움이 있어요.

일본 여행 중 다음으로 좋았던 것은 처음 해 보는 여행 자체도 좋았지만, 이곳저곳 빵집에서 사 온 여러 가지 빵을 먹으며 호텔에서 엄마와 이야기했던 거예요. 4박 5일의 여행으로 엄마와 난생처음 그렇게 오래 붙어 있게 되었던 만큼 자연스럽게 대화를 많이 하는 시간이었어요. 비행기를 타는 순간부터 여행지를 돌아다니고 호텔에 들어갈 때까지 할 이야기가 없어 서로 서먹서먹했는데, 빵이라는 하나의 주제가 생기니 자연스럽게 여러 가지 이야기를 했지요. 제가 만화책에서 봤던 잡지식을 거창하게 늘어놓으면 엄마는 웃으면서 맞장구를 쳐 주셨죠. 빵에 관한 이야기로 시작해 제과 제빵 학원에서 있었던 일, 그리고 제과 제빵을 더 배우기 위해 가고 싶은 대학 등 여러 가지 이야기를 많이 나눴죠. 특별한 말도 아니었고 중요한 말들도 아닌, 일상에서 나눌 법한 평범한 이야기들을 나눴죠. 하지만 저에게는 평범한 대화가 아닌 아주 특별한 대화의 시간이었어요. 엄마와의 그런 대화는 제게 처음이었으니까요.

그런 시간들 중 가장 인상 깊었던 것은 엄마가 제 이야기를 들어준다는 거였어요. 항상 보지 말라며 찢어 버리기도 했던 만화책 이야기를 해도, 엄마가 바라지 않던 내가 하고 싶은 꿈에 관해 이야기해도 싸움으로 끝나지 않았던 대화. 일방적인 지시와 명령으로 끝나는 시간이 아닌 내가 하고 싶고 말하고 싶은 이야기들을 처음으로 신나게 했던 그 시간을, 그 후로 엄마와 많은 여행을 다니고 많은 이야기를 나눴지만 달디단 푸딩 빵을 먹으며 이야기했던 그때 그 순간을 잊을 수 없어요.

그 여행 이후로는 엄마도 이제 더 이상 제게 질문하고 대화를 거는 것을 어려워하지 않으셨고, 저도 더 이상 제 이야기를 하는 것에 거리낌이 없었던 것 같아요. 사실 이 글에 짧게 썼지만, 지금처럼 대화하기까지 너무 많은 시간이 걸렸죠. 3년 정도의 시간이 걸렸을까요. 그 시간 동안 전 대학을 두 곳이나 그만두고, 심지어 한 곳은 몇 개월을 다니는 척하며 아르바이트하러 다니기도 했었지요. 학교를 소위 땡땡이를 치고 아르바이트하러 다니는 것을 걸렸을 때는 얼마나 마음을 졸였던지. 혼날까 봐 속으로 벌벌 떨고 있었는데 그때 엄마의 반응이 정말 놀라웠어요. 좋지도 않은 형편에 등록금을 날렸다는 것에 엄청 화가 나셨을 텐데도 엄마의 첫 마디는 "그렇게 다니기 싫었으면 엄마에게 진작 말하지. 그럼 등록금을 조금이라도 돌려받을 수 있었을 텐데. 그래서 아르바이트는 재미있니?"였지요. 심지어 스스로 돈을 벌었다는 걸 자랑스럽게 생각해 주셨어요. 그래서 저는 당장에 학교를 그만두고 일 년 반 가까이 아르바이트만 했지요. 엄마 성격에 정말 분통이 터졌을 텐데 티 한 번 내지 않으셨죠. 이제 다른 계획이 있냐고 물으셨지만 그건 재촉이 아니라 '네가 계획한 게 있다면 엄마가 최선을 다해 도와줄게'라는 지지와 응원 섞인 물음이었죠. 지금 제 자식이 그렇게 정식 일도 아니고 학교까지 그만둬 가며 아르바이트만 하고 있다면, 나는 엄마처럼 가만히 기다릴 수 있을까 생각해 봤어요. 저는 못 기다릴 것 같아요. 그래서 더더욱 엄마가 자기 성격을 참아가며 기다려 주신 게 진심으로 대단하다고 생각해요. 정말 감사합니다.

엄마가 오빠와 저와 대화하기 위해서 열심히 대화의 방법을 공부하셨지만, 사실 대화라는 게 배운다고 되지는 않잖아요. 대화는 나 혼자 말한다고 되는 것이 아니라 듣는 게 더 중요한 것이니까요. 내가 아무리 열심히 대화하기 위해 노력한다고 해도 상대방이 마음의 문을 닫고 귀를 닫아 버리면 되지 않죠. 처음 대화를 시작한 엄마와 저처럼요. 그래도 엄마는 포기하지 않고 계속 대화를 거셨고 재촉하지 않고 기다리셨어요. 사실 이게 얼마나 대단한 일인지 몰랐어요. 제 아이가 태어나고 그 아이가 조금씩 크면서 이제 말귀를 좀 알아듣고 어느 정도 대화가 통할 정도가 되니깐 알겠더라고요. 말이 통하지 않는 사람에게 계속해서 말을 거는 게 얼마나 답답한 일인지. 돌아오지 않는 대답을 기다리는 게 얼마나 속 터지는 일인지. 더 빠르고, 편하고, 더 좋아 보이는 길이 있는데 그 길을 알려 주어도 굳이 멀고 험한 길을 찾아가는 걸 가만히 보고 있는 게 얼마나 힘든 일인지 이제는 알겠어요.

몇 달 전까지만 해도 누군가 "아이 낳아보니깐 이제 부모의 마음을 좀 알겠지?"라고 물었을 때 웃으면서 "전 아직도 잘 모르겠어요. 그냥 제가 힘든 것만 알겠어요. 제가 아직 철이 덜 들었나 봐요"라고 대답했어요. 이렇게 귀엽고 사랑스러운 자식한테 엄마는 왜 그렇게 모질게 하셨을까, 원망스러운 마음마저 생겼었죠. 정말 철이 없었어요. 난 엄마처럼 절대 그러지 말아야지 다짐했지만, 내 자식이 조금씩 자라니 저도 욕심이 생기더라고요. 누군가 '내 자식한테 화가 나는 부분은 자신의 부족한 부분이다'라고 하던데, 정말 저와 같은 모습을 볼 때 화가 나고 저도 예전의 엄마처럼 아이를 통제하려 하고 있더라고요. 사랑하지 않아서가 아니라 나처럼 되지 않았으면 해서, 나보다 더 잘 됐으면 해서……

언젠가 엄마와 대화하면서 학원을 너무 많이 다녀서 친구들과 잘 어울리지 못했다며 하소연 아닌 하소연을 했었죠. 그때 엄마는 "네가 그렇게 힘들었구나. 그때는 그걸 몰라서 미안하다"라며, 당신은 너무 가난해서 배우고 싶은 거 하나 제대로 배우지 못하고 원하는 대학도 돈이 없어서 못 갔다고, 그래서 내 자식에게는 최고의 것을 주고 싶었다고, 가르치고 싶은 건 다 가르쳐 주고 싶어서 그랬다고 하셨죠.

엄마도 처음에는 우리를 위하는 마음으로 당신이 더 좋은 길을 알고 있다고 생각해서, 우리에게 당신이 못 해 봤던 최고의 것을 제공해 준다는 명목 아래 통제하기 시작했던 것이 본인의 욕심이 되었으리라 생각해요. 그게 아이에게 상처 준다는 것을 알면서도 다른 방법을 몰라 잘못을 반복하고 반복했을 거예요. 저는 엄마를 통해, 그리고 많은 매체를 통해 배우고 또 배웠는데도 자식 뜻대로 하길 놔두고 기다려 주는 게 너무 어렵더라고요. 책에서 텔레비전에서 배운 대로 한다고 하는데도 마음의 화는 쌓여 가고, 결국 아이에게 화를 내고 마는 자신을 보면 또 스스로 자책하게 돼요. 사실, 당연한 거죠. 아이가 이렇게 해 줬으면 하는 것 자체가 아이를 내 입맛에 맞게 통제하려고 하는 것이니까요.

이 세상에서 바꿀 수 있는 건 내 자신뿐이라는 걸 알면서도 사람 욕심이라는 게 쉽지 않더라고요. 이렇게 많은 정보가 방향을 알려 주는 시대에 사는 저도 어려운데 아무 정보도 없던 엄마는 얼마나 어려웠을까, 이제는 조금 이해해요. 그리고 자신의 실수를 인정하고 자식인 제가 아니라 자신을 고치기 위해서 노력하셨던 그 모습에 진심으로 존경을 표합니다. 엄마의 그런 노력 덕분에 제가 제 아이의 목소리에 더 귀를 기울일 수 있고, 예전의 엄마와 같은 실수를 하더라도 금방 바로 잡을 수 있는 것 같아요.

엄마, 20여 년 동안 내가 받았던 상처는 아직도 남아 있어요. 지금도 문득문득 치밀어 오르는 화를 참을 수 없을 때도 있어요. 스스로 자신감 없는 모습이나 움츠러드는 모습을 보일 때면 모든 게 어렸을 적 환경 때문인 것 같아서 주체하지 못할 정도로 화가 나기도 하고, 엄마가 원망스러워요. 다른 사람들이 학창 시절을 회상할 때면 나는 회상할 학창 시절이 없다는 것이 서글플 때도 있고요.

하지만 이제는 그럴 때 엄마에게 전화를 걸어요. 예전에는 말할 사람이 없어서 혼자 되뇌며 끝도 없는 어둠에 빠져 있었다면, 이제는 엄마에게 전화를 걸어요. 누구보다 제 이야기를 잘 들어 주시는 엄마에게. 이제는 엄마가 내게 가장 좋은 친구가 되어 주셨어요. 화나고 속상한 일이 생기면 엄마에게 가장 먼저 전화해서 이런저런 일이 있었다고 이야기하고 엄마는 함께 욕해 주기도 하고 위로해 주시기도 하죠. 예전이라면 상상도 못 했을 텐데 이제는 엄마와의 대화가 너무 즐거워요.

예전에는 항상 부끄러운 딸이었지만 이제는 자랑할 것 없는 나를 자랑스러운 딸이라 소개하시죠. 예전에는 항상 비난과 비웃음뿐이었는데, 이제는 존중과 공감을 해 주시죠. 아직도 가끔 엄마가 내 선택에 핀잔을 주실 때도 있지만, 이제는 제가 웃으면서 그러지 말라고 말할 수 있는 관계가 되었죠.

엄마는 그 어떤 대단한 말을 한 것이 아니었어요. 그저 아무 말도 하지 않으셨죠. 그게 내 마음을 열었어요. 엄마, 이제야 이야기하네요. 끝까지 포기하지 않으시고 아낌없는 지지와 응원으로 기다려 주셔서 감사합니다.

엄마의 하나 뿐인 딸 ○○ 드림

엄마 반성문

초판 1쇄 발행 2024년 7월 10일
초판 2쇄 발행 2024년 12월 10일

지은이 이유남
발행인 양진오
편집인 미미 & 류
발행처 교학사
등록번호 제25100-2011-256호
주소 서울마포구마포대로 14길 4 5층
전화 02-707-5239
팩스 02-707-5359
이메일 miryubook@naver.com
인스타그램 @miryubook

ISBN 979-11-88632-18-3(13590)

미류책방은 교학사의 임프린트입니다.